塔湖·書
TOWER LAKE BOOK

STUDENT EDITION

WANG KAI LING collection

王开岭作品

增订本

王开岭：1969年生，祖籍山东滕州。历任中央电视台《社会记录》《24小时》《看见》等栏目指导。著有《精神明亮的人》《古典之殇》《激动的舌头》《跟随勇敢的心》《精神自治》《当年的体温》等散文随笔集。其作品大量入选文学典籍、大中学读本和各类中高考试题。在读者心目中，他被誉为"精神明亮的人"，其著作被中国校园公认为"精神启蒙书"和"美文鉴赏书"。曾获上海"萌芽文学奖""山东文学奖""在场主义散文奖""百花文学奖"等。

典藏

亲爱的灯光

中学生典藏版　精神风光卷

C　王开岭　著

山西出版传媒集团

山西教育出版社

图书在版编目（C I P）数据

亲爱的灯光：精神风光卷/王开岭著. —增订本. —太原：山西教育出版社，
2016. 5（2018. 6 重印）
（王开岭作品：中学生典藏版）
ISBN 978 - 7 - 5440 - 8356 - 0

Ⅰ. ①亲… Ⅱ. ①王… Ⅲ. ①散文集 - 中国 - 当代 Ⅳ. ①I267

中国版本图书馆 CIP 数据核字（2016）第 076154 号

精神风光卷·亲爱的灯光

出 品 人：雷俊林
出版策划：孙　轶
责任编辑：刘晓露
复　　审：李梦燕
终　　审：潘　峰
设计总监：王春声
印装监制：蔡　洁

出版发行：山西出版传媒集团·山西教育出版社
　　　　　（太原市水西门街馒头巷 7 号　电话：0351 - 4035711　4729801　邮编：030002）
印　　装：山西人民印刷有限责任公司

开　　本：889×1194　1/32
印　　张：7. 875
字　　数：186 千字
版　　次：2016 年 5 月第 1 版　2018 年 6 月山西第 4 次印刷
印　　数：65 001—95 000 册
书　　号：ISBN　978 - 7 - 5440 - 8356 - 0
定　　价：22. 00 元

如发现印装质量问题，影响阅读，请与印刷厂联系调换。电话：0358 - 7641043

在升旗仪式上的演讲(增订本代序)

很激动站在这里，和大家分享这样一个时刻。

这个时刻，无论对于大自然，还是对于人生，都是敏感而庄严的。十多年前，我写过一篇散文，叫《精神明亮的人》，我从 19 世纪法国作家福楼拜的一个生活习惯谈起，提到了清晨之于感官和知觉的意义，提到了苏醒的光线对身心的滋养和激励。我说："按时看日出，是生命健康与积极性情的一个标志，它不仅代表了一记生存姿态，更昭示着一种生命哲学和精神美学。透过晨曦，我看到了一个人在给自己的生命举行升旗仪式！"又过几年，"精神明亮的人"成为我一本书的书名。

升旗，这是个精神仪式。升起的既有这个国家的旗帜，还有我们青春的旗帜。与之一道升起的，还有我们的憧憬：对自由、价值和尊严的渴望，对这个国家未来的期许。旗帜上的内容，不似教科书里那么简单，它更真实、更辽阔的部分，需要你们去填写、去描画。我们要在提升自己的同时，提升这个社会，提升这个共同体的气质和品格。换句话说，这面旗帜，它需要和太阳一起，不断地诞生，它每天都是新的。

让我们把自己升起来，让我们把这个国家升起来，把未来升起来！我们是什么，它就是什么！这面旗帜、这个国家就是什么！这就是升旗的意义。

今天，我最为感动的是，面对你们纯真的面孔！无论生理还是心灵，你们都是清晨里的人，这多么美好，多么让人羡慕。前几天，在微博上看到有位中年人在吐槽：感叹自己和周围的同龄人，"如今都长着一张应酬的脸"，忙着与各种事物周旋、缠打、唱和、献媚，脸上的笑纹、笔画，都是假的，是修饰过、格式化、计算好的，那张脸上只有一个逻辑，即"利益最大化"……作者惊讶于这些脸"竟然长得一模一样"。是啊，这种一模一样的人很多，他们暮气沉沉、锈迹斑斑，他们成了精神意义上的老年人，他们的灵魂爬满了皱纹，他们每天都在暗地里给生命降旗、给青春和梦想开追悼会。

一旦面具戴久了，脸就长成了面具的模样。

是的，他们的人生已成酱缸，发霉变馊了。

而你们不是，至少现在不是。你们郁郁葱葱，正冉冉升起。

感谢你们的学校，为我提供了这样一个时刻，让一个生理上的中年人，和这么多干净的少年人一起，为生命举行升旗。这份早晨的空气，连同你们纯洁的气息，我将深吸一口，收藏在我的脑海里、肺腑里。

也希望多年以后，你们的脸上，依然留有这份气息，并用一生来拒绝那张"应酬的脸"落在自己的肩膀上。

近来，我常说的一句话是：在一个雾霾的时代，让我们提升内心的光线，做一个精神明亮的人。

何谓精神明亮的人？我的理解是：精神意义上的"年轻人"。

具体地说，是有着清晨特征、闪着露珠、身披霞光的人，是有行动品质的理想主义者，是头脑合格、有公民意识和共同体责任的人，是性情温美、内心充满诗意的人，是在认清了生活的真相之后依然热爱生活的人。

校园是什么？校园就是培养"年轻人"的地方，是"年轻人"的保护伞，是精神孵化器和价值庇护所！

在我看来，教育的目标、读书的任务，即繁衍这样的生命类型：精神明亮的人。

如果说，大学侧重培养的是能力，是专业技能和系统化智识，那中学孕育的就是种子，是本色和基因，是生命的奠基工程，尤其在基础信仰、生命性情和价值观的常识启蒙上，它显得更为关键，比如对生命和个体的态度、对大自然和动物的态度，比如独立思想、人道主义、宽容精神、自由信念、悲悯情怀、体恤意识、共同体责任和使命感……

如果说社会能让一个初出校门的人轻易变质，那说明这种子还不够强壮，不够结实。

读书，就是育种。读什么书，就是育什么种。

一个人的心灵发育史和精神成长史，取决于他的阅读史。

既然是史，就有个选项和次序问题。生活饮食上有个很固执的现象：一个人无论身在何处、年龄几何，他最偏嗜的还是家乡那一口。这并非怀旧情结和文化心理在作祟，科学解释了这一点：我们的舌苔有着顽强的幼时记忆，它默认的逻辑是"最早的即最好的"，先入为主，并绝对忠诚。天下人皆认定母亲掌勺的菜最好吃，是因为我们味蕾所受的启蒙和熏陶，源自于她。

同样，作为精神食粮，一个人在少年时代读的书，塑造了他一生的性情、格调、品位乃至信仰，决定了他的内心气质、价值走向和审美趣味。

吃饭可以不挑食，但读书应该"挑食"。而且要挑对食，专挑美食来吃。

什么是好书？书该如何读？我个人体会，它要满足三个方面的考核：语言系统、美学系统、价值观选项系统。适合少年人的书，应分别或同时在以上三个方面有所贡献：第一、展示语言的准确、生动和美，包括创造性使用，以显现汉语的能量、逻辑、技巧和魅力。第二、提供自然美学、情感美学、生活美学、艺术美学、人格和精神美学。第三、输送优秀的价值观选项，供孩子们借鉴、比较和录取。

读书的最大利益也不是为了考试，而是为了做人，把人做对、做好、做美。

读好书、读对书，就具备了做好人、做对人的可能。一所学校，考取的状元和名校生再多，升官发财者再多，最终一盘点，它送出的贪官也多，堕落者也多，人格缺陷者也多，那它的校园文化和常识教育就是失败的。

"读万卷书，行万里路"，读书和旅行，确是人生最幸福的事。读书也是旅行，内心之旅，它穿越的是人类史上那些璀璨的精神地理和心灵风光。一个人即使踏遍了全世界，若回不到自己的内心，那在精神上依然足不出户、孤陋寡闻。

老师，尤其语文老师，应成为汉语世界里的旅行家和鉴赏家。你是什么，语文就是什么；你有多大，课堂即有多大；你有多美，语文即有多美；你读什么书，孩子就读什么书。

今天的孩子读什么书，中国的未来就是什么样子。

最后，赠送大家一句话，海明威说：这世界很美好，值得我们去奋斗！

记住，奋斗——是个动词。

附记：以上是在一所中学升旗仪式上的演讲。近年，应邀访问中学的次数，已经超过了高校和业界。

面对那些纯真的额头和他们的老师，我遇到了最熟悉我的人。他们是我作品最精细、最深情的耕读者，那种至微的熟悉，让我感受到了幸福，感受到了夏天。这份热浪，甚至帮我抵御了十几年来新闻生涯在内心积下的孤独和霜寒。

谢谢你们。

近年写作甚少，趁出版社修订这套书之际，增补了十篇新作，望大家喜欢。

2016 年 4 月 5 日　北京

"无穷的远方，无数的人们"（代序）

——与年轻朋友的通信之二

你问，现在出版物多得让人恐惧，各类推介泛滥，很困惑，怎样算是好书？一个人怎样与一本好书相遇？

其实，适合你的书即好书，能让你心底微笑的书即好书，与你产生"化学反应"并有新物质生成的书即好书。

我提醒身边的年轻人：少接触畅销书和明星书，少亲近浓妆艳抹的招揽和吆喝，别让其占据你的书架和闲暇。因为"畅销"角色决定了其快餐品质，它是为讨好你的惰性和弱点而策划的，不可避免带有粗糙、轻佻、伪饰、狂欢的性能，你会得到迎合却得不到提升。它是产品，不是作品，只能一次性消费。

一册好书，在生产方式上，必有某种"手工"的品质和痕迹，作者必然沉静、诚实、有定力和耐性，且意味着一个较长的工期，内嵌光阴的力量。人生，若能找到一些好书并安置在身边，那就很幸运、很富有，仿佛住在一栋优美的房子里，周围都是好邻居。

积累好书，确需一些渠道，比如你可追踪某个喜欢的作家，从其阅读经历中发现线索。若你欣赏一个人，他欣赏的东西很可能亦适合你，因为你们的精神体质相仿。另外，生活中可寻一些有鉴赏力的书友，将其收藏变成你的收藏。读书是一种生活，需要孤独，也需要分享，有书友是件很幸福的事。

你说在杂志上读到我纪念史铁生的文字，《那个轮椅上的年轻人，起身走了》，你想听我聊聊，关于他。

史铁生是个灵魂诚实的人，是个涤净了浮华和尘埃的人，是个和宇宙、和自己都有着充分对话的人，其人其作，都是珍贵的精神标本，一个文学和心灵哲学的标本。命运给他布置了作业，他完成了。

他和外界保持了一段距离，从而和生命亲密无间。他和我们的区别，这是他的贡献。

他是安静、祥和的，我们充满喧哗与骚动。他是自然水，我们是混合饮料，掺了多少东西，自己也不知道。从未谋面，我一直用心灵感受他的存在，于这个城市、这个时代，空气中都有他的成分，这种成分让我欣慰。他去世后，我体会到了孤单，我觉得空气的成分有一丝变化，这就是他的意义。

包括王世襄。他离世时，我正在做央视《24小时》节目，当晚我们加了条新闻，我说：一个时代结束了。

你说对我的写作和生活很好奇，我的书你几乎搜集全了，你表达了热爱，你是真诚的，但还是过誉了，毕竟你阅读有限。但有一点你没说错，在题材上，我喜欢"变"。是的，我追求辽阔的视野，并习惯于一种"精致的自由"。

生活，始终诱导我做一个有内心时空的人，一个立体和多维的人，一个耽于冥想、心荡神驰的人。有人说过：你的选题和视角很独特，多为首创，一篇文章换别人可能会扩成一本书，舍不得用完它……我就用单篇结束，我不爱在一个点上沉溺太久，那样不自由。我的写作有点像散步，喜欢漫无边际、无形无拘的游走，喜欢地形复杂的野地，人越少，事物越多，能见度越高。这在选集《精神明亮的人》里最明显，篇篇题材各异，彼此都意味着"远方"。就像我给自己的一档电视节目取名《看见》，我希望它能看见遥远的东西，看见那些被遮挡和忽略的事物。在选题中，我偏爱那些隐蔽的生命类型及其命运故事，偏爱有"精神事件"品质的新闻事件。哪些表达非己莫属？"看见"什么和怎样"看见"？这是我判断和投入一次写作的前提。写得少，也和这种态度有关。

媒体是我的职业，写作是我的生活。人和人的差异即在于业余，我曾说，真正的好东西你一定要把它留给业余，就像老婆孩子，都是业余内的事。千万不要当什么专业作家或职业写手，他们要么服务体制，要么服务市场，离文坛很近，离文学很远。

一个作家，能不能在精神和行动上与自己的时代缔结一种深刻关系，决定其作品的气象和格局。他要具备两种能力：恨的能力和爱的能力。你的关怀力越大，越激发这两股力量，爱得越深沉，越能贴身地看清爱的敌人，看清那些威胁美的东西。你就要去抗争，去捍卫这个生存共同体，去保护你所爱的人和事。

鲁迅之伟大，正因为他对"义务"的理解，"无穷的远方，无数的人们，都与我有关"。

任何艺术，都离不开责任，一个人的精神成绩，往往取决于关怀力大小。一个好作家，首先是一个赤子，要发现时代的任务，要关心共同体的遭遇和命运，生活态度即写作态度。有次，某报刊请我谈"理想主义"，我举了捷克作家伊凡·克里玛的例子。上世纪70年代，在回答为何不出国避难时，他说："因为这是我的祖国，这儿的人和我讲的是同种语言……对国外那种自由生活，因为我没有参与创造它，所以不能让我感到满足和幸福。""我没有参与创造它"，这是最打动我的话。一个作家，若只沉迷手艺而拒绝时代的订单，那只是个平庸的文匠；一个人，若只有生活理想而无社会理想，是难称理想主义者的。理想主义者通常是忧郁的，但要哀而不伤，可以愤怒，但不能绝望。理想主义不是画饼充饥，它要富于行动，要做事，要追求改变。它要赶路，披星戴月，风雨兼程。

中国是个苦难型社会，让人生气的事太多，"忧愤"、"焦虑"几成日常表情，故百年以来，鲁迅的号召力远大于他人。但仅有愤怒和批判是不够的，一个人的内心不能总是硝烟弥漫、荆棘丛生，还要风和日丽、山花摇曳……如此，我们才不会远离生命的本位和初衷。

当代中国有个精神危险：由于粗鄙和丑暗对视线的遮挡、对注意力的绑架，国人正逐渐丧失对美的发现和表述。换言之，在能力和习惯上，审丑大于审美。这其实是个悲剧，生活有荒废的可能。尼采说："与怪兽搏斗的人要谨防自己变成怪兽……如果你长时间盯着深渊，深渊也会盯着你。"这就是为何长期以来，我在写作中总告诫自己，别忘了凝视和采集美好之物，这是我们热爱生活的依据。正像我在一本书的封底所写："即使在一个糟糕透顶的年代、一个心境被严重干扰的年代，我们能否在抵抗阴暗之余，在深深的疲惫和消极之后，仍能为自己攒下一些明净的生命时日，以不至于太辜负一生？"

第一本书《激动的舌头》出版时，评论人王小鲁说："他在一个措辞不清的黄昏里，具有罕见的说是与不是的坚决与彻底的能力。他在一个虚无主义的沙漠中，以峭拔的姿态和锋利的目光，守护着美与良心。"

抛去形容词，有两个名词他所用是恰当的：美与良心。换言之，审美精神与批判精神，爱与恨。我离不开这两样东西，每篇都是，每本书都是，每小时都是。

我对单极事物有呕吐感，必须有两个系统，两张精神餐桌，否则会厌食，会憔悴。所以，当你推崇我嫉恶如仇的文章时，我想提醒说：

我不是反对者，我只是反抗者。我出生的全部目的只有一个：生活！在充分的肯定心境中生活，在充分的美和爱中生活，聚精会神、不被干扰地生活。我从未料到会带着愤怒和冒烟的心情来度日，但当生活被恶意篡改时，我想，必须奋斗，必须抗争。有些任务，应在这代人身上完成，否则，我们配不上来自后世的尊敬和爱戴。后人可重复我们的爱，但不应重复我们的恨。

但是，生活——生活永远是最重要的。无论多么崇高的事业和精神征战，都别忘了生活本身，别让生活离你远去，别忘了我们出发的理由……向大自然学习生活，向儿童学习生活，这些是最好的导师。

因此，我的书架上，我的精神客厅里，有鲁迅、胡适，有丰子恺、王世襄，还有许多植物图谱和童话绘本……济济一堂，彼此敬爱。

希望其亦能成为你的嘉宾，更希望你能带着神秘的客人，来这儿串门。

搬把椅子，在太阳下读书，真是幸福的事，也是生命最美好的形貌和举止。

2013 年

全文共两部分，代为本套丛书"心灵美学卷"和"精神风光卷"分册序言。

CONTENTS 目录

01

向一个人的死因致敬

> 人是唯一会脸红的动物，或许说是唯一需要脸红的动物。
>
> —— 马克·吐温

1

████████████ 一个人精神毁容了，被自己或别人的硫酸。如何是好，如何是好……

面皮移植？铸一铁面具？归隐山泉与雀兽为伴？

卢武铉先是对观众说了声"对不起"，然后散步，迎着日出，迎着故里的崖。

山脚下的小村子很美，无论地理还是气质，卢武铉回忆得也很美，说那是个"连乌鸦都会因找不到食物哭着飞走"的地方，他的话深情而充满感恩。在乌鸦身上，他用了个"哭"字。

想当年，他就是因找不到食物而哭着飞走的。去了大田，去了汉城，去了青瓦台。

每次出发，他都空空荡荡，除了一个贫民之子的誓言、一个清卷书生的豪气，别无行李。

坑坑洼洼的故乡，那些含辛茹苦、蓬蓬勃勃的野草，似乎给了他最生动的精神注脚，也预支了最有力的人格担保。

怎么看，此人的变节风险都是最小的。他有着淳朴的起点和奋斗史。

坎坷身世、卑微学历、民权斗士、草根总统……卢武铉像一个童话。

全世界，包括我这个外国人都对这个童话喜爱不已，也觉得和自己隐隐有关。

这世界需要童话，需要一次童话的胜利，就像需要一场雪。

最近的一场雪是奥巴马带来的，他的肤色照亮了星条旗，也鼓舞了地球仪。只是他离得远了点，不如卢武铉这般近，像亲戚。

有时，我觉得卢武铉酷似中国史书上的那些前辈，很儒家，很士林。你看他说过的——

大选获胜后，他用噙泪的语调承诺："我知道大家对我的期望是什么，那是一个没有腐败、没有特权、没有违规的社会，一个用自己双手生活的诚实的社会。"

面对反腐的重重阻碍，他说："没有一个农民，会因土地贫瘠而放弃劳作。"

住青瓦台后，他与友人私下谈心，称执政关键有三：一将改革进行到底，二让总统府远离金钱，三管好自己的亲属。

凡此种种，都让我想起先人那句话："富贵不能淫，贫贱不能移，威武不能屈。"

做好这几条，孟子说，你就是大丈夫了。其实，也就是最好的公仆。

还有啊，论面相，卢武铉的东方脸孔上有一种让人特放心的东西，温绵、敦厚、亲蔼，处处散发着安全感，完全符合中国人推崇的"方正"。

然而，童话终究是童话。事实证明，贫穷和廉洁并无直接关系，监督权力和坐拥权力是截然不同的两份差。

当他和故乡不再为食物发愁的时候，其家人被怀疑偷拿了别的东西。

终于，一名英勇的律师站在了审判席上，一位历史的原告变成了现实的被告。某种意义上，卢武铉成了自己信仰的敌人。至少客观上，彼此互换了位置。

2

为什么会这样，怎么会这样呢？

我不感兴趣。我只留意那天，他最后一次的攀登。

他选择了故乡的崖。崖，本身即意味着高度，即尊严的象征，即清高者的去处。

可以想象，这曾是他少年立志和理想出发的地方。

清晨的草木，带露水，很干净。

一个人在做自由落体前，心真的会安宁吗？

世间很美，他远远看见山脚下人影绰绰。同胞的生活又开始了，接下来，将是忙碌而幸福的一天。

对他来说，今天只意味着一个早晨。

这一天，卢武铉将成为全世界的新闻头条。他料到了，但他已从看客中划掉了自己。

这是个脸皮薄的男人。性情如铅笔，直、细、脆，又爱哭鼻子。有人说，流泪是孱弱的表现，他不具职业政治家应有的坚忍。何谓坚忍呢？不太懂。稍后，似乎也懂了，就是脸皮厚实且富弹性吧。

不错，论政治体格，此人是弱了点。和城府深沉、世故圆滑的同行相比，他似乎太嫩，像书生，不像政客。

"我已丧失了再讲民主、进步与正义的资格……各位不能和我一起陷入这个泥淖，请大家舍弃我卢武铉吧。"

他没有狡辩，他说他无颜于家乡父老，无颜于全体国民。连肇事的家人，他都表示了愧疚，他觉得是自己，使之不幸沾染了权力，是自己的事业把亲属带到了危险地带。

非得纵身一跳？别无选择吗？

世间那么多毁容者，不都活得好好的吗？

这大概和一个人的精神体质有关。该体质决定了一个人的生命意义和存在依据，决定了他遇事妥协之程度、忍受之底限。比如逆境下的选择，"好死不如赖活着"是一种，"留得青山在"是一种，"宁玉碎不瓦全"是一种，"万念俱灰唯死一途"是一种……

卢武铉属哪种呢？我说不清。

有一点能确认：他死于面子，死于廉耻和羞愧，死于精神毁容后的照镜子。

"我现在没有脸正对你们的眼睛……我现在完全可以被抛弃了，现在我完全不足以代表任何道德进步。"

　　这是个爱照镜子的政治家，是一个道德自尊心极强、自珍甚至自恋的人。他并非死于惊恐和畏罪，而是死于意境的破灭，死于内心的狂风，死于肖像的被毁，死于一个理想主义者的失败感。还有，对清静、安宁和独处的渴望。

　　这种死因，包括死法，确实不像现代政客所为。对许许多多政客来说，精神毁容、身败名裂，不过乃轻若稻草的一件事。审判席上，磕头捣蒜乞饶求生者多如蝼蚁，贪生即怕死。但于一个自我器重惯了、把尊严和仪容视若性命之人，这事故即如泰山压顶，漆黑一片。

　　所以，当有人说他死于一根道德稻草时，我不同意，我说他死于泰山。

　　不是说他死得重于泰山。

3

　　这种死因，多少让我想起了古人，想起了士林之风。我觉得精神气质上，卢武铉很有点前辈风度，像从竹林里走出来的，士大夫的腰板，昂首挺胸，纤尘不染。

　　古人是把知耻当头等事的，礼义廉耻被看成国之四维。

　　"无羞恶之心，非人也"；"羞耻之心，义之端也"；"五刑不如一耻"；"士皆知有耻，则国家无耻矣"。

　　如果说古代士子是吃"素"的，一日三省谋求肺腑洁净，衣冠楚楚力图众口皆碑，那现代政客则不然，他们更崇尚丛林法则和掩人耳目，内心多"荤腥"之物。逻辑和尺度变了，精神体质也就变了，政治品格也就变了。丑事当前，拼命遮挡；铁证如山，又死乞白赖。

　　古人惜名，今人惜命。古人自责，今人诿过。

谁脸上没个疮？今人看来，卢武铉的道德反应显然过度了，但古时候，这绝对是正常均值，算一个合理的脸皮厚度。

由此我涌生敬意。我向一个人的死因致敬，向他骨子里的那份"古意"致敬。

古意，让生命葱茏如竹。

我还想起了另一个自杀者，小得不能再小的小人物。三年前，南方一家小煤矿爆出档新闻，报纸标题是《倔犟矿工打赌嫖娼后服毒自杀"谢罪"》。事情大致是：端午节，矿上发了点酒，歇工后，矿友们围在一起打牙祭。不能喝酒的张某很快有了醉意，和人打起了赌，对方说你若敢去"耍小姐"就如何如何，张某一向老实巴交，但这次为显示"男子汉气概"，稀里糊涂由人陪着去了镇上发廊……第二天酒醒，张某羞愧，将昨晚事和盘托给妻子，下午借口外出，喝农药身亡。记者采访张妻时，她哭诉说，自己并没怎么责备丈夫，谁知他……末了又说："再找这样一个男人，恐怕世上没有了。"

我同意张妻那句"恐怕世上没有了"。

几十年前也许还有，现在确实没有了。

一件众人眼里的小事（记者讲，"耍小姐"在当地矿上很平常），竟引发了那么重的后果，又被媒体津津乐道，被鉴定成"失足恨招来荒唐事"。我觉得"荒唐"二字用歪了，相反，我觉得死者是个很正常很健全的人，只因和大多数人相比，其道德姿势太端庄、太憨直，在同一件事上，他的"坎"设得太低，才把生命卡住了。但谁能说我们的"坎"高度正常呢？"耍小姐"是污点，但把这污点看得如此严重，成了天大的事，须以命相抵——这确实是个稀有，不，绝迹的男人！

我不支持他的逻辑，但敬重他的羞耻和刚烈。仔细想，其生命里有一股特别严肃、硬朗，让人隐隐动容的东西。

这也是一个略带古意的人。

在一个操守尽丧的年代，任何有操守痕迹、有心灵纪律的行为，我都予以嘉许。

4

卢武铉，你让我看到了人性的失败，也看到了人性的胜利。

你的纵身一仆，无疑是最大的诚恳。这一仆，让全世界鸦雀无声。

一个蝴蝶般的男人。

爱美，洁癖，羞涩，自我器重，追求宁静与安详。

也许你过于柔软，但柔软不是缺陷，而是美德，一种濒临消逝、渐行渐远的古意。

你不适合做政客，适合做政客的镜子。

电视上，我看到呜咽的菊花铺成了黄色海洋。我不知花瓣后安放着多少种情绪，纯粹的哀伤、谅宥的叹息，或者是鸣冤的抗议……

但我要献上我完全私人的冲动。我想重述一遍敬意，及致敬的理由。

在一个把道德当痰随意啐掉的年代，我向一位视道德为全部家当的失足者致敬。

在一个鲜耻乃至无耻的年代，我向任何有耻的人致敬，向爱惜羽毛和颜面的人致敬，向未泯的崇高意识致敬（行为上，他未必做到了崇高，但他有崇高的本能和临终的维护，他死于崇高的折磨）。

在一个污秽横流的年代，我向有洁癖的人、向注重灵魂保洁的人致敬。也许他是清白的，也许不是，但他渴望清白、热爱清白，并为有负于它而羞愧难当。

　　另外，我还要向他的山崖致敬。那么高的地方，没几个政客敢爬。

　　玉石虽焚，毕竟身怀晶莹；瓦片固全，终乃糟泥之骨。

　　卢武铉，一个向全世界低声说对不起的人，一个诚恳地垂下头的老人。

　　他死了，我宁愿把他的死看作合情合理，看作古意十足，看作儒生的高贵。

　　他死了，请接受他的歉意，原谅他做的和别人对他做的，然后，像千千万万人一样，手执一盏东方菊花，向那肖像深鞠一躬。

　　其实，每个人身后，都有一片山崖。那是早晨攀登的地方，也是黄昏抬望的地方。

　　　　　　　　　　　　　　　　　　　　　─ 2009 年

02

请想一想华盛顿

每一种制度都可以被看作是一些伟人影子的延伸。

——爱默生

美国历史上，华盛顿及其伙伴们属于为自己的母邦开创了诸多伟大先例和精神路标的人。在那块荒蛮的北美处女地上，他们不仅垦辟了宪政共和的绿洲，还神奇地缔结出一脉清澈的政见传统和榜样力量，犹如一团团"冠军"般的浓翳树伞，为后世撑起盛大的荫凉——二百年来，靠着这份殷实基业和先人目光的注视，这个移民国家的子嗣一直安稳地享受着新大陆的丰饶、自由与辽阔……

每一个国家都有她群星璀璨、精英齐瑰的魅人夜晚，尤其是在发生大的社会振荡和思想激变之时。北美独立战争前后正是这样一个经典性的辉煌时段：乔治·华盛顿、托马斯·杰斐逊、本杰明·富兰克林、托马斯·潘恩、帕特里克·亨利、约翰·亚当斯，亚历山大·汉密尔顿、詹姆斯·麦迪逊……《常识》《独立宣言》《论自由与必然》

《不自由，毋宁死》《弗吉尼亚州宗教自由宣言》《联邦党人文集》……这些纪念碑式的天才与著作，其密度之高、才华之盛、能量之巨、品德之优，皆可谓空前绝后。短短几十年，他们为这个没有历史的国家所积蓄的精神资源、所创下的光荣与骄傲，比后续几代人垒起来的还要多，还要令人惊叹和钦慕。他们不遗余力、倾尽全部的心血和"脑黄金"——以最干净和节约的手法，一下子为母邦解决了那么多难题，替未来者省去了那么多麻烦和隐患，更实现了那么多令欧洲难以企及的梦想——关于军队、国家和元首的关系，政教分离，军政独立；关于联邦与共和、普选代议、三权制衡的宪政原理；关于言论出版自由、宗教自由政策和现代大学教育……其制定的 1789 年宪法和 1791 年《权利法案》，披沥二百多年风雨被原封不动地延伸至今。其建国水平所表现出的才智、胆魄、美德——远远超越了造物主所赋予那个时代的国家素质的"平均值"。

世界经验已反复证明，最初创业者的一举一动于该国的体制定位及命脉走向是影响至深的。就像锯齿在圆木上咬开的第一道裂隙、手术刀在体肤上划出的第一丝刃口，它关涉整场事业的功败垂成。

在这点上，北美人是幸运的。他们等来的是华盛顿而非拿破仑，是富兰克林而非俾斯麦，是杰斐逊而非罗伯斯庇尔或戈培尔……仿佛一夜间抓到了一副世界上最漂亮最璀璨的人物扑克牌，这批不知从哪儿突然冒出来的优秀中年人，其额头和眸子都闪烁着同样的光色和寓意——同样的精神豪迈、心理健正，同样的英勇与纯洁，无论在军中还是议会，无论危急时刻还是成就之日，你都难觅小人踪迹。他们是焦灼的战士，而非暴虐的武夫；乃平民出身的领袖，而非歇斯底里的野心家。他们像晶莹的蝌蚪，来自四面八方，又不约而同地朝着同一光点挺进：独立、平等、自由……

这群清高而儒雅的北美人真是太自尊太富有诗意了。那种不费周折就迅速叠成的共识，那种群而不党、党而不私的理想友谊，那种面对胜利后的权力果实坐怀不乱的从容与定力——真是一点不像后来的欧亚同行们：你看不出狗苟蝇营的蠢蠢欲动；听不见密谋者的窃窃私语；感受不到妒忌者的血脉贲张和磨刀霍霍；亦没有异邦常见的宫闱政变与鸿门宴式的权力搏杀；更无所谓"狡兔灭，走狗烹"的祭坛血灾……这群高智商的大号儿童，成熟而富于幻想、理性又热情澎湃、勇猛且不失教养，喜欢考试却拒绝作弊，他们要通过构绘一幅叫"美利坚"的地图，以检验自己的能力、智识与品德。

在这场浩大的理想建国工程中，着实发生了几件令人感动且影响深远的事。

一个新生国家的雏形往往最早反映在国父们的信仰执念中。按一般的民族解放惯例，开国元首应由斗争中最具负责精神、表现最英勇、贡献最卓巨的人来担司，唯有最高威望者才天然匹配这种象征"统一"的精神覆盖力和道德凝聚性——也就是说，需寻一位震得住天下的人来坐镇天下。

其时的北美，此人无疑即乔治·华盛顿了。这位叱咤马背的将军，该如何面对唾手可得的最高权力和民众拥戴呢？历史学者有个说法：华盛顿打下了一场美国革命，而杰斐逊则思考了一场美国革命（后者乃《独立宣言》的起草人和一切重大决策的构思者之一）。按通常的游戏规则，将军和他的参谋长很自然地一前一后登上御座即可，甚至干脆玩点野的——像刘邦、赵匡胤们那样：由一个干掉另一个（或一群）算了。谙熟历史的人都清楚，革命得手后最棘手的问题莫过于权力的重组与分配了，常闪现出比革命本身更凶舛更血雨纷飞的险情。从世界历史的范围看，革命残剩的激情此际少有例外地向着阴暗、贪婪、狭私的方向喷泻，共患难又岂能同富贵？你不这样想不等于人家不这样想——不等于不疑心人家这样想。树欲静而风不止，谁都清楚，值此乌云压城之际，谁掌控了军队即等于把国家抄进了自个儿袖筒，克伦威尔、拿破仑、袁世凯、斯大林、苏哈托、波尔布特……无不把军队视为家产。在其眼里，逻辑很简单：个人即政府——政府即军政府——军政府即国家。失掉了枪杆子即失掉了命根子，犹如虎嘴里被掏走了利齿，大象被锯掉了象牙——按丛林法则，那真是一天也活不成。在政客心目中，政坛无异于莽野，让食肉动物放弃牙爪形同自杀。

奇怪的是，在美国独立战争的功勋部落里，你竟找不到一点儿和这想法有染的蛛丝马迹（你为自己的经验羞愧了）。他们似乎天生就不会这么想，压根就没有这厚黑基因，既没人策划所谓斩草，亦无人酝酿什么除根。胜利的喜悦坦裸在每张脸上，一起传递、一起分享，谁也不想比别人据有更多。在这里，欧亚的许多惯术，千百年来岿然不动的那些黄历仿佛失灵了。

此时的华盛顿心里想什么呢？

他在思考眼下这支军队和政府的关系。

1776年，《独立宣言》一诞生，大陆会议就把军权正式授予了华盛顿。可当时这个纸上的国家并无一兵一卒，华盛顿临危受命，历尽艰辛，从无到有缔造了一支属于"美国"的子弟兵，八年浴血，终将殖民者赶下了大海，使"美国"真正成为一个名副其实的地理概念。现在，建国者遇到了最棘手的难题：这些战功赫赫、九死一生的将士该怎样安置？何去何从？……正义的召唤使他们将身上的布衣竟相换成了军服，可胜利后的美国当务之急是家园建设而非斗争搏杀，无须维持如此庞大的武备……怎么办？如何使军队转化为一支有益于和平与稳定——而不沾带内政色彩的安全力量？欧亚的例子早已证明：由残酷斗争启动并急速旋转起来的澎湃激情，若战后得不到合理的终止，得不到妥善的转移与稀释，那将极为可怕——随时都有被野心家、独裁者或宗派集团挟持之险。如何定义军队性质和其在国家体系中的职能，这是能否避免恶性政治与专制悲剧的最大环节。

于其时的美国而言，真正实施这个理念并不轻松，仍有很长的崎岖之路。在此问题上，有一个人的态度举足轻重——尊敬的乔治·华盛顿。这位披坚执锐的美利坚军队之父，与军方的关系最胶固最瓷实，彼此的感情和信任也最深。按一般理解，双方的利益维系无疑也最紧，算得上是"唇齿"、"皮毛"的共栖关系。国家静静地期待着他的抉择，代表们焦灼的目光也一齐投向将军……

华盛顿显得异常平静，他说：他们该回家了。

这样说的时候，将军一点也没犹豫，但其内心却涨满了刀割般的痛苦和愧疚。要知道，这支刚刚挽救了国家的队伍，尚未得到应有的荣誉和犒劳。此时的美国财政一片空白，连军饷都发不出，更不用说安置费、退役金了，即使是伤残病员，亦得不到任何抚恤……

如今，却要让他们回家——多么残酷和难以启齿的命令啊。

华盛顿做到了。他能做的，就是以个人在八年浴血中积攒起来的全部威望和信誉，去申请部下的一份谅解。那一天，他步履沉重地迈下礼台，走向排列整齐的方阵，他要为自己的国家去实现最后一个军事目标：解散军队！他的目光仔细地掠过一排排熟悉的脸，掠过那些随己冲锋陷阵的伤残躯体。他替之整整衣领、掸掸尘土，终于艰难地说："国家希望你们能回家去……国家没有恶意，但国家没有钱……你们曾是英勇的战士，从今开始，你们要学做一名好公民……你们将永远是国家的榜样……"将军哽咽了,他不再以命令,而是以目光的方式在恳求什么。寂静中,士兵们垂下头,默默流泪。当他们最后一次,以军人的姿势齐刷刷地向后转的时候,将军再也忍不住了。他热泪盈眶,赶上去紧紧拥抱部下……没有这些人,就没有"美国",但为了"美国",他们必须无言地离去。

一个理念就这样安静地兑现了。从构思到决定,从颁布到履行,自始至终没有吵闹,没有牢骚,更没有什么动乱和内讧。正直的第一代美国大兵们,就这样循着他们尊敬的统帅指定的行军路线,两手空空,一瘸一拐地回家去了。唯一带走的,是将军的祝福。

不愧为世界裁军史上的奇迹。只有华盛顿们才做得到,才想得出,才行得通。

华盛顿也要离开了。他要和部下们一样,开始"学做一名好公民"。

他先把军中行装打成包裹,托人送回故乡费侬山庄,然后去找好友杰斐逊,他们要商量一件大事:战事既已结束,将军理应将战时授予自己的权力归还国家。在华盛顿们看来,此乃再正常不过的道理了,且刻不容缓,应尽快履行。

这种主动弃权的事自古有之,摊在华盛顿身上就更不足为怪了,连亲兵都可遣散,拱让军权又算得了什么呢?奇怪的是,在这紧要关头竟无人赶来挡驾,竟无臣子们的联名奏本——苦苦哀求明主"以天下社稷为重,万不可弃民而去"云云(不少屡屡心软的大人物不就这样被"民意"劝回去了吗)。美国毕竟辽阔,林子大了什么鸟都有,欲成人美事的忠臣自然也有过,只惜华盛顿耳根子硬,死活听不进去。

近来翻阅一套书,《世界散文随笔精品文库》,美国卷的题目是

《我有一个梦想》。蓦然发现"梦想"中竟藏有华盛顿本人的书简一封，"致尼古拉上校书——1782 年 5 月 22 日寄自新堡"。此信源于一位保守的老绅士尼古拉上校。独立战争激酣之际，他曾暗地里上书华盛顿，对之从头到脚大大捧颂一番后，再小心翼翼地献上一记金点子：望取消共和恢复帝制，由将军本人担任新君……

这是个于"国家安全"业已构成威胁的信号，一个腐朽透顶的馊主意——堪称精神犯罪。但此劣迹却在人类史上屡见不鲜，在热衷威权的主子们眼里，倒也不失大功一件：狭义来讲，反映了提案人的忠诚；广义上看，亦可谓一项"民意调查"的收获，让主人触到了一份妙不可言的前景，不妨"心中有数"……

谁知，这盘蜜饯竟使华盛顿心情沉重、羞愧不已。如同一位突然被学生贿赂的老师，他感到自责、痛苦，陷入揪心的扪问：我何以使人恶生这样的念头？我究竟做错了什么，以至给人落下如此印象？

在这封"尼古拉上校大鉴"的信中，他忧心忡忡地疾问道——

> 您所说的军队里有的那种思想，使我痛苦异常，自作战以来，没有一件事令我这样受创。我不得不表示深恶痛绝，视为大逆不道。目前我尚能暂守秘密，若再有妄论，定予揭发。我过去所为，究竟何事使人误解至此，以为我会做出对国家祸害最烈之事，诚百思不得其解，如我尚有自知之明，对于您之建议，谁也没我这样感到厌恶……若您仍以国家为念，为自己、为后代，或仍尊敬我，则务请排除这一谬念，勿再任其流传。

显然，华盛顿把这位从后门爬进来的尼古拉当成了一顶屎盆子，厌其臭、恨其秽，怒其不争、捂鼻踹脚，又从后门给踢了出去。有这样一段插曲在先，我们即不难理解将军后来的种种表现了。这同时也极大地震慑了其他欲效颦的尼古拉们。

此时距独立战争结束尚有两年。

在今天的美利坚国会大厦里，有一幅巨制油画，讲述的是二百年前华盛顿正式向国会归还军权的情景——

在一间临时租借的礼堂里（当时国会尚无正式办公场所），历史功臣和会议代表们济济一堂，屏息以待那个重要历史时刻的到来。会场气氛肃穆庄严，大家已提前被那将要发生的一幕感动了：他们知道，再过几分钟，在这场卸职仪式上，自己竟要接受国父的鞠躬礼——而作为受众的他们，只需让手指轻触一下帽檐即可了。这真有点让人受不了，但必须如此，因为此非日常生活的普通礼节，而是作为一个理念象征，它从此将规定一种崭新的国家意志和政体秩序：将军只是武装力量的代表，而议员却是最高权力的代表，无论如何，军队都只能向"国家"表示尊敬和服从。

华盛顿出场了。寂静中，其身躯徐徐降落之幅度超出了想象，代表们无不隐隐动容。谁都明白，这是将军正竭尽全力——用身体语言——对这个新诞生的政体作最彻底和最清晰的阐释。感怀之余，有人竟忘了去触帽。

将军发言极简："现在，我已完成了战争所赋予的使命，我将退出这个伟大的舞台，并且向尊严的国会告别。在它的命令之下，我奋战已久……谨在此交出委任并辞去所有的公职。"

他从前的下属，现任议长答道："您在这块土地上捍卫了自由的理念，为受伤害和被压迫的人们树立了典范。您将带着全体同胞的祝福退出这个伟大的舞台，但是，您的道德力量并没随您的军职一起消失，它将永远激励子孙后代！"

据史记载，当时所有的眼眶都流下了热泪。

个人、权力、军队、政府、国家……政治金字塔周围这些萦绕不清的魍魉蛛网，就这样被华盛顿们以一系列大胆而优美的新思维杠杆给予了澄清和定位。它们的性质与职能，被一一定格在严厉的法律位置上，不得混淆或僭越。将军朝向议员们的鞠躬是为了让后人永远牢记一条常识：一切权力来自上帝和人民，武器的纯洁性在于它只能用来保卫国家和公民幸福；军队从来就不是个人或集团财产，作为公民社会的一部分，它只能献身国防而不可施于内政；领袖本人须首先是合格公民，须随时听从国家召唤，其权力亦将随着阶段任务的完成而及时终止……

这是第一代美国人为后世贡献的最杰出的理念之一。犹如慈爱的父母在孩子胳膊上提早种下的一粒"痘"，正是凭借这份深情的疫苗，此后的美国政治才在肌体上灵巧地避开了军事独裁的凶险，最大限度地保证了社会的稳定、自由与和平。

华盛顿鞠躬的油画悬挂了二百年，"国家绝不允许用武力来管理"的这个朴素理念，也在美国公众心里扎根了二百年。两个世纪以来，美国社会的政治秩序一直温和稳定，未有大的集团动乱和恶性斗争——和该理念的始终在场有关，和华盛顿们最初对军队的定位有关。1974 年 6 月，颇有作为的尼克松总统因"水门事件"倒了霉，当最高法院的传票下达时，白宫幕僚长黑格曾冒失地提议：能否调第 82 空降师保卫白宫？国务卿基辛格轻轻一句话即令这位武夫羞愧难当，他说："坐在刺刀团团围住的白宫里，是做不成美利坚总统的。"

那幅画不是白挂的，它绝非装饰，而是一节历史公开课，一盏红灯闪烁的警示屏。它镌铭着第一代建国者以严厉目光刻下的纪律。尼克松难道会自以为比华盛顿更伟大、更享有军中威望吗？谁敢把乔治当年交出的权力再劫回来？

保卫白宫和保卫每座民宅的都只能是警察，而永远轮不到军队。美国宪法明示：任何政党、集团不得对军队发号施令，动用军事力量干预国内事务是非法的。军队只能是"国防军"，而不会沦为所谓的"党卫军"、"御林军"、"冲锋队"或"锦衣卫"。尼克松最终向这一理念耷拉下高傲的头颅，他宣布辞职的一刹那，脑海里会不会蓦地闪出华盛顿那意味深长的微笑？

绝对的权力绝对腐蚀人。僵滞的权力也绝对僵滞一个社会的前行。权力者爱护这个国家最好的方式便是在适当之时交出权力。凭着这种清洁的信仰和人文美德，华盛顿和伙伴们终于合力将"美利坚"——这艘刚下水的世纪旗舰推出了殖民港湾，并小心地绕过浅滩和暗礁，引向燃烧着飓风与海啸的深水，引向自由、干净与辽阔……

仪式一完，华盛顿真的就回家了。像一个凯旋的大兵，两手空空，轻松地吹着口哨，沿着波托马克河，回到阔别多年的农庄。那儿有一幢简楼、家人和几条可爱的狗等着他。五年后，当美利坚急需一位总统的吁求正式下达，他的休养计划被中止。但连任两届后，他坚决辞去了公职，理由很简单：我老了，不能再耽搁下去了。他当然明白，假如自己乐意，即使再耽搁几年，是不会有人喊"下课"的。但那样一来，即等于背叛了自己的信仰，等于不尊重国家和选民对自己的尊重……离职后不久，他在故乡平静地去世。

布衣——将军——布衣——总统——布衣。此即华盛顿平凡而伟大的生涯故事。八年军旅，置生死于度外；八年总统，值国家最艰困之时，实无福禄可享……每一次都是临危受命，挽狂澜于即倾；每一次都是听从国家召唤，履践一个公民的纯洁义务。

那提议用"华盛顿"来为首都命名的人真是太智慧了。

史上大人物的名字比比皆是，可真正经得住光阴测试和道义检验的人却寥寥。有的凭权势或时运，固可煊赫一朝，但验明正身后很快即暗淡无光，甚至被弃汰如粪，沦为恶名。而华盛顿不，作为生命个体，他的清白、诚实及所有伟岸特征皆完整地保持到了生命终点。作为一个响亮的精神名词，其理想内涵不会因光阴的淘洗而褪色变质，相反，却历久弥新。来自后世的敬重与感激——随着历史经验的积累和世界坐标的参照——而愈发强烈、深挚……

— 2000 年

03

决不向一个提裤子的人开枪

1936 年，英国作家奥威尔与新婚妻子一道，志愿赴西班牙参加反法西斯战斗，并被子弹射穿了喉咙。在《西班牙战争回顾》中，他讲述了一件事——

一天清晨，他到前沿阵地打狙击，好不容易准星里才闯进一个目标：一个光着膀子、提着裤子的敌兵，正在不远处小解……真乃天赐良机，且十拿九稳。但奥威尔犹豫了，他的手指始终凝固在扳机上，直到那个冒失鬼走远……他的理由是："一个提着裤子的人已不能算法西斯分子，他显然是个和你一样的人，你不想开枪打死他。"

一个人，当他提着裤子时，其杀人的职业色彩已完全褪去了。他从军事符号——一枚供射击的靶子，还原成了普普通通的血肉之躯，一具生理的人，一个正在生活中的人。

多么幸运的家伙！他被敌人救了，还蒙在鼓里。因为他碰上了"人"，一个真正的人，而不仅仅是一个军人，一个只知服从命令的杀手。那一刻，奥威尔执行的是自己的命令——"人"的命令。

杀手和杀手是有别的。换了另一个狙击手，他的裤子肯定就永远提不上了。而换了奥威尔在他的位置上，他肯定会毫不迟疑地搂动扳机，发出一丝"见鬼去吧"的冷笑。然而，这正是"人"与士兵的区别，希望也就在这里。

与其称之"奥威尔式"的做法，毋宁说这是真正的"人"之行为。任何时候，作为"人"的奥威尔都不会改变态度：即使正是该士兵，不久后将用瞄准来回报自己，即使他就是射穿自己咽喉的那个凶手，即使早料到会如此，奥威尔也不会改变，更不会后悔。

所有的战争，最直接的方式与后果皆为杀人。每个踏上战场的士兵都匹配着清醒的杀人意识，他是这样被授予的：既是射击者，又是供射击的靶子……而"英雄"与否，亦即杀人成绩的大小。在军事观察员眼里，奥威尔式的"犹豫"，无疑乃一次不轨、一起严重的渎职，按战争逻辑，它是违规的、非法的，要遭惩处。但于人性和心灵而言，那"犹豫"却如此伟大和珍贵！作为一桩精神事件，它应该被记入史册。

这样说一点不过分。

假如有一天人类真的不再遭遇战争和杀戮，你会发现，那值得感激的——最早制止它的力量，即源于这样一组细节和情景：比如，决不向一个提着裤子的人开枪！

这是和平之于战争的一次挑战，也是"人"对军人的挑战。

它在捍卫武器纯洁性的同时，更维护了人道的尊严和力量。

斗争、杀戮、牺牲、死难、血债、复仇……

如果只有仇恨而没有道义，只有决绝而没有犹豫，你能说今天的受害者明天不会变成施虐者？英勇的战士不会变成残暴的凶手？

你隐约想起了一些很少被怀疑的话——"对敌人的仁慈就是对同志的凶狠"、"对敌人要像严冬一样冷酷无情"、"军人以绝对服从命令为天职"……你感到一股冷。

一股政治特有的冷。匕首的冷，工具的冷，地狱的冷。

而不合时宜的奥威尔，却提供了一种温暖，像冬天里的童话。

　　　　　　　　　　　　　　　十 2002 年

04

是 "国家" 错了

在民法的慈母般的眼里，每一个人就是整个国家。

—— 孟德斯鸠

_1

■■■■■■■■■■　　一百多年前的法兰西。正义的一天——

1898 年 1 月 13 日，著名作家左拉在《震旦报》上发表致共和国总统的公开信，题为《我控诉》，将一宗为当局所讳的冤案公曝天下，愤然以公民的名义指控 "国家犯罪"，替一位素昧平生的小人物鸣不平……

该举震撼了法兰西，也惊动了整个欧洲。许多年后，史家甚至视之为现代舆论和现代知识分子诞生的标志。

事件源于法兰西第三共和时期。1894 年，35 岁的陆军上尉、犹太人德雷福斯受诬向德国人出卖情报，被军事法庭判终身监禁。一年后，与此案有关的间谍被擒，证实德雷福斯清白。然而，荒谬登场了，受自大心理和排犹意识的怂恿，军方无意纠错，理由是：国家尊严和军队荣誉高于一切，国家不能向一个"个人"低头。这个坚持得到了民族主义情绪的响应，结果，间谍获释，而德雷福斯"为了国家利益"——继续当替罪羊。

面对如此不义，左拉怒不可遏，连续发表《告青年书》《告法国书》，披露军方的弥天大谎，痛斥司法机器滥用权力，称之为"最黑暗的国家犯罪"，称法兰西的共和荣誉与人权精神正经历噩梦。尤其是《我控诉》一文，如重磅炸弹令朝野震动，所有法国报刊都卷入了争论，左拉更被裹至旋涡中心：一面是良知人士的声援；一面是军方、民族主义者的谩骂，甚至暗杀恐吓。

左拉没退缩，他坚信自己的立场：这绝非德雷福斯的一己遭遇，而是法兰西公民的安全受到了国家权力的伤害；拯救一个普通人的命运就是拯救法兰西的未来，就是维护整个社会的道德荣誉和正义精神。在左拉眼里，他这样做，完全是履践一个公民对祖国和同胞的义务，再正常再应该不过了。

然而，令人悲愤的一幕又出现了：一个真正的爱国者总是为他的国家所误解。同年 7 月，军方以"诬陷罪"起诉左拉。作家在友人的陪伴下出庭，他说："上下两院、文武两制、无数报刊都可能反对我。帮助我的，只有思想，只有真实和正义的理想……然而将来，法国将会因为我挽救了她的名誉而感谢我！"

结果，左拉被判罪名成立，流亡海外。

左拉远去了，但这个英勇的"叛国者"形象，却像一粒尖锐的沙子折磨着法国人的神经，这毕竟是有着反强权传统、签署过《人权宣言》的民族……终于，敏感的法兰西被沙粒硌疼了，渐渐从"国家至上"的恍惚中醒来：是啊，不正是"个人正义"守护着"国家正义"吗？不正是"个体尊严"组建了"国家尊严"吗？国家唯一让国人感到骄傲和安全的，不正是它对每个公民作出的承诺与保障吗？假如连这点都达不到，国家还有什么权威与荣誉可言？还有什么拥戴它的理由？

愈来愈多的民意开始倒戈，向曾背弃的一方聚集。在舆论压力下，1906 年 7 月，即左拉去世后第四年，法国最高法院重新宣判：德雷福斯无罪。

军方败诉。法院和政府承认了自己的过失。

法兰西历史上，这是国家首次向一个"个人"低下了它高傲的头颅。

德雷福斯案画上了公正的句号。正像九泉之下的左拉曾高高预言的那样：法兰西将因自己的荣誉被拯救而感激那个人——那个率先控诉母邦的人。

作为一桩精神事件，德雷福斯案之所以影响至深，且像爱国课本一样被传颂，并不因为它"蚍蜉撼大树"的奇迹，而在于它紧咬不舍的人权理念，在于它揭呈了现代文明的一个要义：生命正义高于国家利益；人的价值胜过一切权威；任何蔑视、践踏个体尊严和利益的行为都是犯罪，都是对法之精神的背叛、对生命的背叛。

可以说，这是世界人权史上的一次重要战役，在对"人"的理解和维护上，它矗起了一座里程碑。

2

国家是有尊严的，但尊严不是趾高气扬的"面子"，它要建立在维护个体尊严和保障个体权益的承诺上，要通过为公众服务的决心、能力和付诸来兑现，它不能预支，更不能摊派。在价值观上，国家权威与公民权益不存在大小之分，个体永远不能沦为集体羽翼下的雏鸟或孵卵，否则，就会给权力滥用国家名义谋集团之私或迫害异己提供依据。孟德斯鸠早就说过："在民法慈母般的眼里，每一个人就是整个国家。"法国的《人权宣言》、美国的《权利法案》及联合国的《公民权利与政治权利公约》，都开宗明义地宣扬了该常识。

如果为了国家利益可任意贬低个体尊严，如果牺牲个体自由与权利的做法得到了宣传机器的大肆鼓吹，那么，不管该国家利益被冠以怎样的"崇高"或"伟大"，其本质都是可疑的。任何政府和部门之"权威"，唯有在代表公意时才具合法性，才配得上民间的服从。在一个靠常识维护的国家里，每一个"个人"都是唯一性资源，都拥有平等的社会席位，每个人的福祉都是国家重要的责任目标……正是基于这些同构、互动和彼此确认的关系，个人才可能成为国家的支持者，才会滋生真正的爱国者和"人民"概念。

权力会出错，领袖会出错，政府会出错，躲闪抵赖本来就可耻，而将错就错、封杀质疑就更为人不齿了，也丢尽了权力的颜面。

有无忏悔的勇气，最能检验一个团体、政府或民族的素养与质量。

1992年11月，教皇约翰·保罗二世为17世纪被教廷审判的伽利略正式平反，不久又致函教皇科学院，为达尔文摘掉了"异端"的罪名。连素以"万能"著称的上帝代言人都承认"寡人有疾"，更何况凡夫俗子？同时也说明，这不失为一位胸襟开阔、值得信赖的"上帝"。

1997年，美国总统克林顿正式为士兵艾迪·卡特平反，并向其遗属颁发了一枚迟到的勋章。艾迪是一位非洲裔美军士兵，曾在反法西斯战争中立下战功，后被误控有变节行为，停止服役。1963年，艾迪抑郁而终，年仅47岁。事隔半个世纪，美国政府终于良知醒来，并向亡魂道歉。

曾炒得沸沸扬扬的《抓间谍者》禁书案，经过三年审理，于1988年10月，由英国最高法院作出终审判决：驳回政府起诉。这部被视为泄露国家机密的书，拥有自由印刷、发行和报刊转载的权利。

不得不承认，当今世上，让政府向个体认错，大人物向小人物认错，大国向小国认错……确属不易，关键能否有一种良好的理性制度、一套健正的社会价值观和文化心理——既要有周严的法律保障，又要有公正的民心资源和舆论环境。要坚信：错了的人只有说"我错了"时——才不会在精神上惨败，才不会在道德和尊严上输光。今天，在美国前总统尼克松的私人图书馆里，最常听到的便是他的录音资料："犯下错误不可怕，可怕的是掩盖错误……"谁也没过多地责备这位自责的老人，在他去世一周年之际，美国仍发行了印有其头像的纪念邮票。

3

德雷福斯案，至少有两点让一百年后的我尤为感慨，也是让我吃惊和敬羡的地方。

首先，舆论的"讨论空间"如此之大。

它包含"此类政事竟允许舆论参与"（即民众的知情范围和讨论范围）和"舆情的规模、幅度、持续性竟如此强劲"（民众参与公共事件的积极性）两层意思。一个世纪前，一个冒犯国家威严、对政府不恭的声音竟能顺利出笼，竟有报刊敢"别有用心"地发表——且不受指控，确乎不可思议。而在一场对手是国家机器的较量中，竟有那么多的民间力量汹涌而入，不仅不避嫌、不为尊者讳，反而敢于大声对政府说"不"，就更令人惊叹了。试想，在另一些国度，即使有左拉般的斗士站出来，谁又保证会有《震旦报》那样不惧烧身的媒体呢？《我控诉》能公开问世并迅速传播，至少说明一点：在当时的法国，此类政治问题的讨论空间是存在的，或者说，言论自由有较可靠的社会根基和法律依据，连政府都没想要去背叛它——这确实令人鼓舞。否则，若话题一开始就被封杀，"德雷福斯"连成为街谈巷议的机会都没了。而在别的地方和时代，让这类事胎死腹中、秘密流产后偷偷埋掉，是最容易想到和做到的。

其次，事件的理性结局。

表面上，它迎合了一个再朴素不过的公式：邪不压正！真理必胜！但实际生活中，要维持此公式的有效却极难。"正义"、"真理"，从主观的精神优势到客观的力量优势，中间有很长的崎岖和险势。个人挑战权威的例子不罕见，但能迅速赢得社会同情并升至一场全民性精神运动最终获胜，却不简单了。其中，既有先驱者的孤独付出和后援力量的锲而不舍，又有来自权力的某种程度的精神合作与妥协，否则，法兰西又徒添几条为真理殉葬的嗓子或烈士而已。该案的结局是令人欣慰的，它不仅实现了左拉的控诉企望，且让"真理"用短短八年就显示了它神圣的逻辑力量。

政府最终选择了真相，选择了理性，即使它是被迫的"不得不"，这个让步也值得嘉许和为后世所纪念。它需要勇气，需要文化和理性的支持，或许还受到了某种古老榜样的注视与鼓励……这与法兰西深入人心的自由传统和民主渊源有关，与制度自身的空间和弹性有关。左拉的胜利，乃欧洲现代民主精神的胜利。在无数人组成的"个人"面前，任何国家和政府都是渺小的；知耻近乎勇，承认过失乃维护荣誉的唯一方法……想到并做到这些，对一个诞生过狄德罗、伏尔泰、卢梭的民族来说，固然在信仰资源和精神背景上不是难事，但它所费的周折和成本也令人反思，比如曾将左拉逼入绝境的"国家主义"和"民族主义"。

德雷福斯案距法国大革命已有一个世纪，在由拉斐德起草的号称"旧制度死亡书"的《人权宣言》里，早就宣告了社会对"人"的种种义务——

"在权利方面，人们生来是而且始终是自由平等的"，"任何政治结合的目的都在于保存人之自然的和不可动摇的权利。这些权利就是自由、财产、安全和反抗压迫"，"凡权利无保障和分权未确立的社会，就没有宪法可言"，"自由传达思想和意见是人类最宝贵的权利之一，因此，各个公民都有言论、著述和出版的自由"。

可最初的德雷福斯和左拉，不仅没享受到以上保护，反而遭及同部宣言中其他条款的迫害——"意见的发表不得扰乱法律所规定的公共秩序"，"法律有权禁止有害社会的行为"……可见，再伟大的法律和政治文书，都难免给权力留出"利己性司法解释"和"选择性依法"的机会，而这类舞弊，在今天的很多国家仍司空见惯。

英国学者戴雪说过一句寓意深远的话："不是宪法赋予个人权利与自由，而是个人权利产生宪法。"是啊，真正的法不是刻在大理石或纪念碑上，而是栖息于人的日常生活和社会细节中。唯一让制度和政党具有"合法"性的，是每个社会成员的权利和福祉，是来自个体的信任和满意。

———— 2000 年

05

打捞悲剧中的"个"

死亡印象

■■■■■■　犹太裔汉学家舒衡哲写过一篇《第二次世界大战：在博物馆的光照之外》，文章认为，我们今天常说纳粹杀了六百万犹太人，日本兵在南京杀了三十万人，实际上是以数字和术语的方式把大屠杀给抽象化了。他说："抽象是记忆最疯狂的敌人。它杀死记忆，因为抽象鼓吹拉开距离并且常常赞许淡漠。而我们必须提醒自己牢记在心的是：大屠杀意味着的不是六百万这个数字，而是一个人，加一个人，再加一个人……只有这样，大屠杀的意义才是可以理解的。"

我们对悲剧的感知方式有问题？

平时看电视、读报纸，地震、海啸、洪水、矿难、火灾……当闻知几十条乃至更多的生命突然消逝，我们常会产生一种本能的震惊，可冷静细想，便发觉这"震惊"不免有些可疑：很大程度上它只是一种对表面数字的愕然！人的反应更多地瞄准了那枚统计数字——为死亡体积的硕大所羁绊、所撼动。它缺乏更具体更清晰的所指，或者说，它不是指向实体，不是指向独立的生命单位，而是指向概念，空洞、模糊、抽象的概念，而最终，也往往是用数学来终结对灾难的生理记忆。

有次吃饭，饭桌上，某位记者的手机响了，那端通知他某处发生了客车倾覆，"死了多少？什么？一个……"其表情渐渐平淡，肌肉松弛下来，屁股重新归位，继续喝他的酒了。显然，对"新闻"来说，这小小的"一"不够刺激，让人兴奋不起来。

多可怕的数学！对别人的不幸，其身心没有丝毫的投入，而是远远的旁观和悠闲的算术。对悲剧的规模和惨烈程度，他隐隐埋设了一种大额预期，就像评估一场电影，当剧情达不到高潮值时，便会失落、沮丧、抱怨。这说明什么？它抖出了人性中的某种阴暗嗜好，一种对"肇事"的贪婪，一种冷漠、猎奇、麻木的局外人思维。

重视"大"，藐视"小"，怠慢小人物和小群落的安危，许多悲剧不正是该态度浸淫的结果吗？很多桥塌、楼倒、火灾、食毒案之所以轰动，很大程度上，并非由于它藏匿的肇因之深刻、渎职之典型，而是其死亡面值的巨大，是事故吨位的重量级。若非几十人罹难，而是一个或几个，那它或许根本没机会被"新闻"相中，引不来围观、调查和问责。

永远不要忘了，在那一朵朵烟圈般——被嘴巴们吞来吐去的数字背后，却是实实在在的"死"之实体、"死"之真相——

悲剧最真实的承重是远离话语场之喧嚣的，每桩噩耗都以其黑色羽翼覆盖住了一组家庭、一群亲人——他们才是悲剧的承担者，于其而言，这个在世界眼里微不足道的变故，却似晴天霹雳，死亡集合中那小小的"个"，对之却是血脉牵连、不可替代的唯一性实体，意味着绝对和全部。此时，它比世上任何一件事都巨大、都严重，无与伦比。除了压得喘不过气来的痛苦，除了晕眩和凄恸，就再没别的了。无论如何，他们都不会理解那种"新闻"式的消费。因为这一个"个"，他们的生活全变了。日常被颠覆，时间被撕碎，未来被改写。

2005 年 1 月 23 日，在阿姆斯特丹的荷兰剧场，近七百人接力宣读奥斯威辛集中营被害犹太人的名单，共用五天时间念完 10.2 万个名字。市长科恩说："只有念出每个人的名字，人们才不会将他们遗忘。"

2012 年 4 月 6 日，11541 张红色椅子在萨拉热窝街头排开，仿佛一条鲜血河流，以纪念波黑战争爆发二十周年，每张空椅子代表一位死难者。

2010 年 4 月，奥巴马参加西弗吉尼亚州矿难悼念仪式，一一念出 29 名矿工的名字，他说："尽管我们哀悼这 29 条逝去的生命，我们同样也要纪念这 29 条曾活在世间的生命……我们怎忍让他们失望，我们的国家怎能容忍，人们仅因工作就付出生命，难道仅仅因为他们在寻找美国梦吗？"

2012 年 7 月 26 日晚，央视新闻频道，播音员用沉痛而缓慢的语调逐一宣读在北京 21 日特大暴雨中已确认的遇难者名单，61 个名字，耗时 1 分 35 秒。对央视来说，这是史无前例的灾难播报方式。

他们不再抽象，不再是一个数字，他们有了人间的地址。

这是生命应有的待遇，这是逝者应有的尊严。只有这样，生死才得以相认，我们才能从悲剧中领到真正的遗嘱。

海哭的声音

上世纪末最后一个深秋,共和国历史上最惨烈的一桩海难发生了。1999 年 11 月 24 日,一艘号称"大舜"的客轮在烟台到大连途中失事。312 人坠海,22 人获救。这样短的航线,这样近的海域,这样久的待援,这样自诩高速的时代,这样渺小的生还比例……举世瞠目,寰宇悲愤。

2000 年 3 月 18 日,《南方都市报》"决策失误害死 290 人"的大黑题框下,贴了一位遇难者家属的照片。沉船时,他与船上的妻子一直用手机通话,直到声波被大海吞没……

这是我第一次触及该海难中的"个",此前,与所有人一样,我的记忆中只贮存了一个笼统的数字:290。

那个阳光灿烂的下午,我久久地凝视那幅画面:海滩,一群披着雨衣神情凌乱的家属;中年男子,一张悲痛欲绝的脸,怔怔地望着苍天,头发潦草,一只手紧紧捂住张开的嘴,欲拼命地掩住什么,因泪水而鼓肿的眼泡,因克制而极度扭曲的颧骨……我无法得知他在喃喃自语什么,但我知道,那是一种欲哭无泪、欲挣无力的失去知觉的呼唤,一种不敢相信、不愿承认的恍惚与绝望……

一个被霜袭击的生命。一个血结了冰的男人。或许他才是个青年。

那种虚脱,那种老人脸上才有的虚脱和枯竭,是一夜间人生被洗劫一空的结果。

想想吧,11 月 24 日,那一天我们在干什么?早忘了。然而他们在告别。向生命,向世间,向最舍不得撒手的人寰,向最亲密的事物告别。那是怎样残酷的仪式!怎样使尽全力的最后一次眺望!最后一滴声音！

　　想想吧，那对年轻的灵魂曾怎样在电波中紧紧相拥，不愿撒手，不愿被近在咫尺的海水隔开……那被生生劈作两瓣的一朵花！

　　这是死亡情景，还是爱情情景？

　　那一刻，时间定格了，凝固了。生活从此永远改变。

　　290，一个多么抽象和无动于衷的数字。我不愿以这样一个没有体温的符号记忆这次海难。我只是攥紧手中的照片，攥紧眼前的真实，生怕它从指缝间溜走。我全身心都在深深地体会这一个"个"，这个绝望的男子，这个妻子的丈夫。那一刻，他听到了什么？她对生命的另一头说了些什么……

　　渐渐，我感觉已和他没了距离。他的女人已成了我的女人，他的情景已是我的情景。从肉体到灵魂，我觉出了最亲密者的死。

　　手脚冰凉，我感到彻骨的冷。风的冷，海的冷，水底的冷。

　　天国的冷。

　　我想起了许多事。出事那天，我从电视人物，尤其是官员的脸上（他们在岸上，在远离大海的办公室里），看到的只是备好的语言和廉价的悲悯，只是"新闻"折射出的僵硬表情。显然，他们的全部注意力都押在了"290"这个数据上。他们严肃、冷峻，他们从容不迫、镇定有方……看上去连他们自己都像一堆数据。一切表现都是格式化、公章式的（太面熟了），都是机件对"数据"产生的反射，是"290"而非那一个个的"个"在撞击他们。那深思熟虑的咬字和措词（太耳熟了），是被量化了的，是受数据盘和公务软件操控的。你感觉不到其情感和内心，他们身上没有汹涌的东西，只有对责任的恐惧和应变能力。

　　死了的人彻底死了，活着的人懒懒地活着。

多年后的一个夜晚，收拾书架时，又意外地遇上那张报纸。我再次打量他。想象他年轻的妻子，想象她平日在家里的情景，想象那一天那一夜的甲板，想象那最后一刻还死死抱着桅杆、对陆地残存一丝乞望的生命……

那艘船不应被忘记，那个黑色的滂沱之夜不应被忘记。为了生活，为了照片上的那个人，为了更多相爱的生命。

个体：最真实的生命单位

在对悲剧的日常感受上，除了重大轻小的不良嗜好，人们总惯于以整体印象代替个体的不幸——以集合的名义遮蔽最真实的生命单位。

由于缺乏对人物之命运现场的最起码想象，感受悲剧便成了毫无贴身感和切肤感的抽象注视。人们所参与的仅仅是一轮信息传播，一桩单凭灾难规模和牺牲体积确认其价值的"新闻"打量。

这是一种物质态度的扫描，而非精神和情感意义上的触摸——典型的待物而非待人的方式。该方式距生命很远，由于数字天然的抽象，我们只留意到了生命集体轮廓上的变化和损失（"死了多少"），而忽略了发生在真正的生命单位——个体之家——内部的故事和疼痛（"某个人的死"）。

数字仅仅描述体积，它往往巨大，但被抽空了内涵和细节，它粗糙、笼统、简陋、轻率，缺乏细腻成分，不支持痛感，唤不起我们最深沉的人道感情和理性。过多过久地停留在数字上，往往使我们养成一种粗鲁的记忆方式，一种遥远的旁观者态度，一种徘徊在悲剧体外的"客人"立场，不幸仅仅被视为他者的不幸，被视为一种隔岸的"彼在"。

如此，我们并非在关怀生命、体验悲剧，相反，是在疏离和排斥它。说到底，这是对生命的一种粗糙化、淡漠化的打量，我们把悲剧中的生命推得远远的，踢出了自己的生活视野和情感领地。

久之，对悲剧太多的轻描淡写和迎来送往，便会麻木人的心灵，情感会变得吝啬、迟钝，太多的狭私和不仁便繁殖起来了，生命间的良好印象与同胞精神也会悄悄恶化。

感受悲剧最人道和理性的做法：寻找"现场感"！为不幸找到真实的个体归属，找到那"一个，又一个……"的载体。世界上，没有谁和谁是可以随意叠加和整合的，任何生命都是唯一、绝对的，其尊严、价值、命运都不可替代。生生死死只有落在具体的"个"身上才有意义。整体淹没个体、羊群淹没羊的做法，实际上是对生命、对悲剧主体的粗暴和不敬，也是背叛与遗忘的开始。

同样，叙述灾难和悲剧，也必须降落到实体和细节上，才有丰满的血肉，才有惊心动魄的痛感和震撼，它方不失为一个真正的悲剧，悲剧的人性和价值才不致白白流失。

一百年前的"泰坦尼克"海难，在世人眼里之所以触目惊心，是因为两部电影的成功拍摄：《冰海沉船》和《泰坦尼克号》。通过银幕，人们触摸到了那些长眠于海底的"个"，从集体遗容中打捞起了一张张鲜活的生命面孔：男女情侣、船长、水手、提琴师、医生、母亲和婴儿、圆舞曲、美国梦、救生艇……人们找到了和自己一样的人生、一样的青春、一样的梦想和打算……

如此，"泰坦尼克"就不再是一座抽象的遥远时空里的陵墓，悲剧不再是新闻简报，不再是简单的死亡故事，而成了一部关于生活的远航故事，所有的船票和生离死别都有了归宿，有了"家"。有了这一个个令人唏嘘、刻骨铭心的同类的命运，"泰坦尼克"的悲剧价值方得以实现，人们才真正记住了它，拥有了它。

美国华盛顿的"犹太人遇难者纪念馆"，在设计上就注重了"个"的清晰，它拒绝用抽象数字来控诉什么，而是费尽心机搜录了大量个体遇难者的信息：日记、照片、证件、通信、日用品、纪念物，甚至还有偶尔的声音资料……当你对某一个名字感兴趣时（比如你可以选一个和自己面容酷似或生日相同的人），便可启动某个按钮，进入到对方的生涯故事中去，与其一道重返半世纪前那些晴朗或阴霾的日子，体验那些欢笑和泪水、安乐和恐怖、幸福和屈辱……这样一来，你便完成了一次对他人的生命访问，一次珍贵的灵魂相遇。

走出纪念馆大厅，一度被劫走的阳光重新回到你身上，血液中升起了久违的暖意，你会由衷地感激眼下。是啊，生活又回来了，你活着，活在一个让人羡慕的时空里，活在一个告别梦魇的时代……你会怀念刚刚分手的那个人，你们曾多么相似，一样的年轻、一样的热爱和憧憬，却有着不一样的命运、不一样的今天……

记住了他，也就记住了恐怖和灾难，也就记住了历史、正义和真理。

与这位逝者的会晤，相信会对你今后的每一天，会对你的信仰和价值观，产生某种正直的影响。它会成为你生涯中一个珍贵的密码——灵魂密码。

这座纪念馆贡献了真正的悲剧。

重视"小"，重视那不幸人群中的"个"，爱护生也爱护死，严肃地对待世上的每一份痛苦，这对每个人来说都意义重大。它教会我们一种打量生活、对待同胞、判断事物的方法和价值观，这是我们认知生命的起点，也是一个生命对另一个生命的最正常态度。在世界眼里，我们也是一个"个"，忽视了这个"个"，也就丧失了对人和生命最深沉的感受。

其实，生命之间，命运之间，很近，很近。

—— 2012 年

06

战俘的荣誉

1

██████████ 近读军事史书，竟读出了两种截然相反的战俘命运。如果说战争是一个政治受精卵的话，那么在她所有的分娩物里，有一种最令其羞恼：战俘。显然，战俘是战争的胎儿之一，哪里有厮杀，哪里即有战俘，这是胜负双方都无法避免的尴尬。

"杀身成仁"，似乎永远是英雄的标准贞操，也成了考核一个人对信仰、团队或领袖之效忠度的最重砝码。作为一枚有"验身"意味的朱红大印，它已牢牢加盖在人们的日常心理中，更被古往今来的太史公们一遍遍地漆描着。

苏德战争爆发后，由于苏联当局缺乏应变准备和决策错误（另一原因还在于长期的"肃反"政策，据《西蒙诺夫回忆录》披露，早在战前五六年，红军中的中高级将领几乎已被消灭殆尽，战场上竟频频上演尉级军官代理师旅长的事），致使苏军惨遭重创，仅 1941 年夏季被俘人员就达二百多万。而据俄罗斯联邦武装力量总参谋部统计，整个战争期间，红军被俘总人数高达 459 万。但即便如此，并不能否定苏军官兵的顽强与勇敢，就连德军战况日志都充分证实：绝大部分苏军官兵是在受伤、患病、弹尽粮绝的情势下被俘的。应该说，他们是为国家尽了力的，即使在战俘营，也没有令红军的荣誉和国家尊严蒙受污损。

但他们后来的遭遇却极为悲惨，最令之不堪的并非是法西斯的虐待和绞杀，而是来自祖国"除奸部"的审判。苏联前宣传部长雅科夫列夫在《一杯苦酒》中回忆道——

> 卫国战争一开始，苏联当局甚至把那些在战线另一边仅逗留很短的人也当成叛徒，军队的特别处不经审判就处决形迹可疑的突围出来或掉队的官兵……苏联国防委员会还在战时就通过决议成立特种集中营，以审查从俘房营释放的和在解放区发现的"原红军军人"……1945 年 8 月 18 日，国家安全委员会通过《关于派送从德国俘房营中释放的红军军人和兵役适龄的被遣返者到工业部门工作的决议》，根据这一决议，他们悉数被编入"国防人民委员部工人营"，其性质和内务部的劳改营没甚区别。

苏联领导对被俘红军人员的态度，早在 1940 年就已确定：苏芬战争一结束，芬兰将 5.5 万名战俘转交苏联当局。他们被悉数解送到依万诺沃州尤扎镇的特种集中营，四周上了铁丝网……大部分被判处了期限不等的监禁，剩下的于1941年春被押送到极北地带，后来的命运即无从知晓了。(《一杯苦酒》，新华出版社，1999年8月版)

显然，在当局眼里，军人的使命和职能即等于出让生命，每一项军事目标都必须以性命去抵押，当战事失利、任务未竟时，"活着"就成了罪状！不管何种理由、何等情势，被俘都是一种耻辱，都是对职责的辜负与背叛，都是怯懦保守、没有将力量耗尽的证明！二战结束后，每个苏联公民都要接受一份特殊表格的过滤："您和您的亲属有没有被俘过、被拘留或在敌占区待过？"其实，这和我们过去熟悉的"家庭出身"性质一样，皆属一种决定人命运的政审试纸。

任何一个军人的命运都不外乎三种情形：凯旋者、烈士或战俘。对于投身卫国战争的一名苏联士兵来说，能迎来最后凯旋，当然是最幸运的，而一旦沦为战俘，则等于被打入地狱……即使被释放，余生亦将陷入黑暗与困顿之中，他们非但得不到抚恤与呵护，反而会一生背负着象征耻辱的"红字"，备遭歧视和人格伤害。

哈姆雷特的著名抉择：生，还是死？的确是让苏联军人痛苦不已的题目。

或许，正是出于对当局有着清醒的估计和预判（"苏芬战争"中那五万战俘的遭遇早已对未来者的命运进行了残酷的预演），二战结束时，拒绝回国的苏联公民竟高达45万，其中17.2万人是军籍。可以说，他们是怀着对国家政治的恐惧远离母邦和亲人的。

2

应承认，无论过去、现在或未来，奢望一个政权或民族，对战俘抱以像对英雄那样的态度，都是困难的。这从人性心理和文化价值观的角度都可找到答案，亦完全可理解。但是，像苏联那样视战俘为叛徒的极端例子，则不是单靠文化成因就可辩解的了，它远远偏离了"本能"，远远超出了人性的正常逻辑和文化行为路线……说到底，乃悖人道、违理性的极权所酿，乃畸形政治心理和粗野意识形态所致。

可慰的是，同样是接纳集中营里出来的战友，在温煦的太平洋西岸，我看到了一幕相反的风景——

1945 年 9 月 2 日，日本投降仪式正式在美军战列舰"密苏里"号上举行。

上午 9 时，占领军最高统帅道格拉斯·麦克阿瑟出现在甲板上，这是一个举世瞩目的伟大时刻。面对数百名新闻记者和摄影师，将军突然做出了一个让人吃惊的举动，有记者这样回忆："陆军五星上将麦克阿瑟代表盟军在纳降书上签字时，突然招呼陆军少将乔纳森·温赖特和英国陆军中校亚瑟·帕西瓦尔，请他们过来站在自己的身后。1942 年，温赖特在菲律宾、帕西瓦尔在新加坡向日军投降，俩人皆是刚从满洲的战俘营里获释，搭飞机匆匆赶来的。"

可以说，该举动几乎让所有在场者都惊讶、都羡慕、都感动。因为俩人现在占据着的，是历史镜头前最耀眼的位置，按说该赠予那些战功赫赫的常胜将军才是，现在这巨大的荣誉却分配给了两个在战争初期就当了俘虏的人。

麦帅何以如此？其中大有深意：二人都是在率部苦战之后，因寡不敌众、没有援兵，且接受上级旨意的情势下，为避免更多青年的无谓牺牲才放弃抵抗的。我看过记录当时情景的一幅照片：两位"战俘"面容憔悴、神情恍惚，和魁梧的司令官相比，身子薄得像两根生病的竹竿，可见在战俘营里没少遭罪吃苦。

然而，在这位将军眼里，似乎仅让他俩站在那儿还不够，于是更惊人的一幕出现了——

> 将军共用了五支笔签署英、日两种文本的纳降书。第一支笔写完前几个字母后送给了温赖特，第二支笔的获得者是帕西瓦尔，其他的笔完成所有签署后，将分赠给美国政府档案馆、西点军校（其母校）及其夫人……

麦克阿瑟可谓用心良苦，他用特殊的方式向这两位忍辱负重的落魄者表示安慰，向其为保全同胞的生命而付出个人名望的牺牲和落难致以答谢……

与其说这是将军本人的温情表现，倒不如说乃价值信仰的选择，它受驱于一种健康的生命态度和宽容的战争理念。它并非个人情感的一时冲动，亦绝非私谊所为，而是代表一种国家意志热烈拥抱这些为战争作出特殊贡献的人。超常的礼遇乃对其巨大自卑和精神损失的一种弥补——在将军眼里，只有加倍弥补才是真正的弥补！那支笔大声告诉对方：别忘了，你们也是英雄！你们无愧于这个伟大的时刻！

是啊，难道只有"死"才是军人最高的荣誉和贞操标准吗？才是对祖国和同胞最好的报答吗？若此，提出这等要求的祖国和同胞岂非太自私、太狭隘、太蛮横了呢？爱惜每一个社会成员的生命，尊重别人存在的价值，难道不正是人道社会的诉求吗？

3

平时，我们在战争题材的小说或影视中，常见类似的诅咒性台词："除非……就别活着回来！""别人死了，你怎么还活着？"

当然，这样不雅的话多由反方嘴里说出来。而对正方的描写，虽在话语方面巧妙地避开了此类尴尬，但价值观上掩饰不住相同的逻辑，无论是作者、编剧，还是读者、观众，在对我军失败人员的命运期待上，都表现出一种非此即彼的价值取向：烈士，或者叛徒。我们心目中的英雄是绝不能做"合格俘虏"的。情感上受不了，一旦被俘，要么设计他虎口脱险，要么安排他拉响"光荣弹"（随着那声"同归于尽"的轰响，我们的灵魂也骤然获释，轻松了许多——肉体的毁灭换来的是政治贞操的高潮）。

在我们的眼里，安排一个人去死，难道恰恰是对其荣誉的保卫和价值的维护？"赐死"成了一种隐隐约约的"爱"？

不错，放弃毁灭而选择被俘，确实是对生命的一种贪恋——说白了即"怕死"，可怕死有错吗？何以连这种不投敌、不出卖同志的求生——也被我们视为了一种背叛呢？乃至让一向器重他、爱戴他的人感到遗憾、难堪，感到被欺骗与受伤害？暗地里我们对"英雄"预支的那份鬼鬼祟祟的期待是公平的吗？抛除政治因素，是否也暴露出了一种生命文化的畸形？

我们常在新闻中看到解救人质的报道，在大家眼里，人质显然是被当作受害的弱方来看的，我们也很少犯如是偏执：为何你宁肯老老实实做人质——却不去反抗，不去和歹徒誓死一拼？

其实，战俘又何尝不是另一种意义上的人质和受害者呢？不仅是，而且是为国家作出了贡献——正在忍受委屈、肉体和精神正在服刑的受害者。被俘固然是一种失败，但充其量只是一种物质较量（肌肉或钢铁）和场次意义上的失败，是一种按战争算术得出来的"负数"结果，它远非对一个人最终的人格价值和生命力量的评价。准确和公正地说，"被俘"本身亦是一种有力的存在，它并未丧失掉精神上的硬度和韧性，它有尊严，有值得敬重和感谢的地方。任何一位被俘的士兵都有权说："是的，我失败了，但我战斗过！"

我始终认为，一个人对集体和社会的贡献是有限的，责任也是有限的——它不是无条件、无节制的牺牲——不应以绝对方式随意地勒索个体，动辄以性命去赌注、去换取什么……

4

苏美战俘的不同境遇，折射出两宗不同的战场伦理和生命价值观：一个激励牺牲、鼓吹舍命、颂扬忘我，一个鼓励生存、呵护个体、体恤自由；一个让军事充分政治化和宗教化，以严厉的律令和窒息化的逼视谋取集团利益的最大值，一个则把战场游戏推向职业化和人性化，尽可能给战场输送氧气和弹性。

在形象和气质上，前者虽威武与壮烈，但飘散着声色俱厉的冷血味儿；后者虽懂得"害怕"，有松软和保守之嫌，却洋溢着人道与人性的温情。

"不怕死"，真符合战场的理性之美和军人的光荣原则吗？

希特勒的纳粹党徒、日本的"神风突击队"不也是被这样的动员令和颁奖词所召唤着、鼓舞着，疯狂地杀人、自杀或被杀吗？在太平洋战争即将结束、胜负已定的尾期，驻守科雷吉多尔岛的五千名日军几乎全部战死，只有伤残的 26 个人做了美军俘虏。类似的情况也发生在硫磺岛之战上……这样庞大的亡魂阵容，这样"视死如归"的炮灰，足以让历史上所有的长官意志都满意，也足以让任何一个野心勃勃的政治家妒羡不已。但从和平与良知意义上看，其实际罪孽——对人类安全的威胁、对生命的伤害，反而是最残酷、最恐怖的。

"生"（生命、生存、生活）是最宝贵的，它高于一切，也远胜于一切。生命就是生命本身，而不是别的什么。一切政治盔甲的包装和贞操面具都是对它的篡改，一切"特殊材料"的命名和炼钢企图都是对它的异化。

人，是社会文明的唯一和全部目的。

人，有害怕和惜命的权利。

生命比政治更神圣，人性比主义更可贵。

　　　　　　　　　　　　　　　　＋ 2000 年

07

"我比你们中任何一个更爱自己的国家"

—— 兼读海因里希·伯尔《伯尔文论》之二

几天前，我从一位女诗人的口中听到这样一段话："容忍是时代的军装，心灵上高悬的希望之星是勋章。它应当颁给临阵脱逃的勇士……还有那些泄露卑鄙秘密的叛徒和无视任何命令的逆党，也都是嘉许的对象。"

—— 伯尔《命令与责任》

在一处国土上，当受害者和潜在的受害者越来越多，当那种惨痛脸孔和被病毒折磨的样子逐渐膨胀成一种"国家表情"，甚至连他们之间也开始厌恶地皱眉、嘲谑、幸灾乐祸——进行恶劣的心理折磨和欺压（就像乞丐之间、精神病人之间、狱犯之间发生的那样）时，这只能说明，最可怖的事发生了："对善与恶可耻的漠不关心！"（莱蒙托夫）

这才是民心最大的腐败。它显示，一个民族赖以生存的理性和道义资源已被蛀蚀一空。纳粹德国、专制时期的苏俄就是这样腐坏掉的。

在 20 世纪 40 年代的德国，战争已把这个以意志和哲学著称的剽悍民族逼到了自缢的边缘：饥饿、伤病、抓丁、宵禁、灯火管制、空袭警报、阵亡通知书、盯梢告密揭发、习惯死亡的麻木……一切正常的生活都废除了，一切美好的情感和愿望都散失在瓦砾废墟中，每个人都成了被霉病折磨的叶子，神情灰暗、垂头丧气。但几乎所有人都咬定这仅仅是战争失利，是勾结起来的敌人过于凶悍所致。

偏偏这时，若不知从哪儿突然爆出一句："我们是害虫！"接下来的事会怎样呢？众人莫不大惊失色（怀疑耳朵听错了），但镇静后的第一个反应是："他叛变了！他叛变了！"随即人堆里便炸开了锅（俨然羊群里钻进了狼），人们纷纷做愤怒状，做势不两立和挥拳状。

于是，德国就有了一批被称作"叛徒"的人。以我们今天的眼光看来，他们不过是一些表达了个人观点——且没有被自己的诚实吓破胆的青年。但在一个极不正常的年代，"个人"是多么稀缺，他的处境立马变得多么凶险——因为"他们有那么多，而我只是一个"（陀思妥耶夫斯基《地下室手记》）。

有一组军人的名字应被其同胞记住。今天，他们已不在人间，但半世纪前，他们都曾宣称：我们，日耳曼人自己，是国家的害虫！他们皆认为，该是由德国人自己来结束这场灾难的时候了，于是便有了属于"个人"的行动……这种事发生在"圣战"最酣的当口，发生在每个人都把自己的命运、价值、荣辱与"元首的梦想"、"德国的最后胜利"绑在一起的关头，无疑被视作对民族主义和国家主义的恶毒挑衅。

"叛徒"们的名字是：国防军上校施陶芬贝格伯爵，他从前线潜回柏林，因拒绝执行元首命令而执行了自己的命令——刺杀希特勒（他差点就成功了）——而遭枪决。20 岁的列兵沃尔夫冈·博歇尔特，因写了几封"危害国家安全"的私信被判死刑（后改赦，但因战争摧残于战后翌年死去），他把"必须要说的话"匆匆写进一本叫《拒之门外及其他短篇小说》的小书里。还有一位即后来的诺贝尔文学奖得主、当时的德国军人海因里希·伯尔，在《给我儿子的信或四辆自行车》中，他追述了自己是怎样借"开小差"、"造假证"、"偷自行车"等一系列不光彩行径——来逃离战场和躲避杀人任务的。

身着制服，却拒绝执行一个军人被规定的职责，从职业属性上看，他们全是混账小丑，按战场纪律该枪毙。想必今日，亦没有哪家队伍敢接纳这些不安分的家伙。但他们却是合格的人，比一名军人做得更多，是赤子，是保持冷静的个人头脑的合格的生命！在一个拒绝执行命令为高尚的年代，他们分别以个人方式捍卫了生命尊严和自由意志，而没被"国家主义"所挟持。他们清醒的血肉之躯——显得与那套褐色制服多么不协调！正因这些不协调，正因很多命令没被执行，许多人才死里逃生，许多村庄、楼房、街道才免遭毁灭……按伯尔的说法："违抗命令不愧为光荣的过失！"有时候，过失就是良知，渎职就是正义。

爱祖国，但不应闭着眼睛爱祖国。爱人民，但不该随随便便就爱上人民的某个样子，尤其是他"昏迷或粗野时那种不雅的样子"。

在纳粹德国，最振聋发聩的就是"爱国主义"、"人民主义"这类词语，其深入人心的程度犹如犁刀对国土的耕占，结实而深阔。

影片里，常见纳粹党卫军和冲锋队的施虐场面，但以为战争中参与杀人的仅仅是这些贴着职业标签的人，那就大错特错了。战时德国，所有的人力资源都被政治征用了，前线在厮杀，后方活跃着一支支庞大的志愿警察队伍：维持秩序、监视告密、缉拿叛徒、搜捕犹太人和盟军间谍……一边是母亲们"并不怎么心疼地、甚至怀着激动的心情让她们14岁、16岁的儿子朝着死亡跑去"，把生命献给元首；一边是她们争气的孩子将立功和英勇杀敌的捷报传回家乡。美国新出版的《自愿的刽子手——普通人与大屠杀》中，展示了一幅泛黄的旧照：一德国士兵站在离一位犹太妇女不到三公尺的地方，按步兵操典的规范，举枪瞄准，而女人怀里紧紧抱着一个婴儿……作者提出的问题是：为什么一个士兵会把杀害一位母亲的照片寄给另一位母亲？怎么会这样？怎么会若无其事？至少有一点无疑：这个德国青年深爱自己的母亲并想使之骄傲。那么，能否说，他正是在按照或猜度着另一个母亲的愿望来杀害眼前这个母亲的？

伯尔清楚地记得，党卫军头子希姆莱在战争的最后几周颁布了一纸命令："一个德国士兵如果在听不见枪炮声的地方碰到另一个士兵，可就地处决他。"这意味着"每个德国人都成了另一个德国人潜在的法庭"。于是，数以万计的军人在光天化日下被自己的乡亲、邻居、朋友、陌生人以叛逃罪消灭了。要知道，履行这项义务的仅仅是些普通人，一些看上去老实巴交、一辈子都不会做出格事的人。他可以是你在大街或乡村小道上碰到的任何一个人，他昨天还只是一个司机、一个矿工、一个厨师、一个鞋匠或售票员，甚至是个以正直著称的教师，可今天，他却"光荣"地扮演了一个"国家监护人"的角色。伯尔回忆说："有一个我认识的下级军官叫凯勒尔，他从前线溜回来探望父母，某个合法的德国谋杀者抓住了他，在这'远离枪炮声的地方'……当时'事情'（指处决凯勒尔）进行得很快，连一只公鸡也没有为他打鸣。"

一个国家究竟需要什么样的爱国主义？仅仅是历史习惯的"爱政府主义"吗？真正的爱国使命应当由什么样的人民以什么样的方式来承担？

那么，"人民"又是一个怎样的概念？仅仅是一个模糊的数值集合——所谓"大多数"组成的人丁概念吗？在政治舆论家那里，它常常被封授一种至高的俯视一切、审判一切的权力，被谄媚的语言描绘成一副完美的无可指摘的"万岁"幻身，其权威和意志被说成是先验的、神性的，无须设问和讨论。谁一不留神得罪了它，即会被冠以"人民公敌"，死无葬身之地。

说到底，这是一种阴险的精神贿赂。一旦"人民"心安理得地享受起了这种甜蜜，就会不惜辱没自己的主人身份——怀着感激和报答之情听从政客的吩咐，仰领袖鼻息，充当英勇的打手……对此，高尔基痛苦地叹道："这些人非常可怕，他们能成就自我牺牲和毫不利己的功绩，也同时能犯无耻的罪行和卑鄙的强盗勾当。你会仇恨他们，也会全心全意地怜悯他们。你会觉得你无力理解你的人民阴暗心灵的腐烂和闪光。"（《不合时宜的思想》）

一旦"人民"、"祖国"当起政治权力的令箭而不再作为理性和文化语汇来使用，独裁和斗争的霍乱即接踵而至，"人民"、"祖国"这些硕大的词即沦为嗜血的刀俎和砧板。大革命时期的法兰西，现代专制下的德意志、俄罗斯，都流行过这种不分青红皂白的"唯人民论"、"唯国家论"、"唯领袖论"。

一个真正爱国、爱人民的人，该如何与自己的祖国和人民相爱？这种"相爱"的可能性有多大？

恰达耶夫在《疯人的辩护》中表达过一种"否定方式"的爱，他说："对祖国的爱，是一种美好的感情，但是，还有一种比这更美好的感情，就是对真理的爱。"唯理性意义上的爱，才是一种纯洁和深沉的爱，精神与灵魂的爱。他又说："请相信，我比你们中任何一个更爱自己的国家，我希望它获得光荣……但是，我没有学会蒙着眼、低着头、闭着嘴爱自己的祖国。我发现一个人只有清晰地认识了自己的祖国，才能成为一个对祖国有益之人。"

做一个词语和表情上的爱国者是很方便的，也极易赢得公众的喝彩和权力的犒赏，而要做一个不受干扰的本质上的爱国者就难了。在"相爱"不可能的情势下，"单相思"要以误解、诽谤、报复甚至流血为代价。"具有歇斯底里情绪的人给我来了一些信：威胁要杀死我！我明白，在一个长期以来所有人都习惯于收买和叛卖的国家里，一个捍卫无望事业的人应该被视作叛卖之人。"高尔基说道。

苏格拉底的死刑很说明问题。他死于大爱和先知，死于对文明最处心积虑的担忧，死于对母邦雅典最深情的关怀与怜悯，死于心碎之爱。天才的前瞻与时代的低能——彼此之间的错位和落差，导致了这场人民杀死赤子的悲剧。作为历史成本，这悲剧又是必须的，社会前行和人民觉醒的车轮，正是一次次由这种交替不绝的"错位"为拉杆来驱动……

茨威格哀泣尼采时说："一个伟大之人将会被他的时代驱赶、压制、逼迫到最彻底的孤独中去！"是啊，命运总要将真正的思想者送至无援的绝境，风声鹤唳、四面楚歌……时代对之的搜寻与怀念总是姗姗来迟，有时晚上几个世纪，有时永远。

丹东，这位颇具诗人气质的斗士也是这样罹难的。他对法国大革命的恐怖表达了己见，与同志兼上司的罗伯斯庇尔发生了冲突。领袖坚信只有"正义的恐怖"才能换回"人民自由"，而丹东怀疑该自由跟妓女一样，是"世上最无情无义的东西，跟什么人都胡搞"。这种触众犯上的危言将丹东送上了"人民法庭"的断头台，斩牌上写着：人民公敌！

当德国青年们激情难挨地效忠元首、眼馋"铁十字"勋章时，大学生汉斯和肖尔兄妹却因散发反战传单被处死；当海德格尔们每天小心翼翼地系上"爱国主义"领带时，慕尼黑的哲学教授胡伯却因"异端"学说锒铛入狱……和伯尔们一道，这些德意志民族的"逆数"，不仅没给自己的时代丢脸，反而维护了这个理性民族的传统荣誉。他们不仅是真正的爱国者，还是彻底的救国者。

"人民"，应是一个在成长中不断进行自我反省和完善的主体，而非一座退休的大功告成的纪念碑。她应有一副允许批评、保持谦逊和涵养的知识者面孔，而非骄横无礼、被溜须拍马宠坏了的肥胖官僚模样。人民应和真正爱她的人一道，用理性照见自己的背面与缺陷，相濡以沫，执手同行。

（本文有删节）

1998 年

08

亲爱的灯光

—— 读巴纳耶夫《群星灿烂的年代》

19世纪，是俄罗斯现代精神启蒙的高涨时代，亦是其文学力量参与社会变革最疾猛的岁月。从"十二月党人"开始，一茬茬的贵族和平民知识分子运动风起云涌，文学犁刀对民族土壤的揳入之深、辐射之强、能量之巨，皆举世罕见。

这应归功于文学批评。19世纪的俄罗斯文学能有如此光芒，多亏了它自身诞生的批评家及其激烈的呼啸，多亏了别林斯基、赫尔岑、杜勃罗留波夫、车尔尼雪夫斯基、皮萨列夫……正是这些忠诚于信仰和理想的生命圣徒，为一个世纪的俄罗斯文学匡扶着结实的现实主义之路，使文学青年们的热量不致白白虚掷、不致无谓地浪费于祖国的命运之外。

巴纳耶夫《群星灿烂的年代》，向我们展示了19世纪30至50年代的文学生活图景。其中，最令我迷醉和神往的，当属别林斯基小组聚会的那些章节——这也是让我的灵魂最感明亮和欢愉的部分。

巴纳耶夫自1834年在《杂谈》上第一次发现别林斯基的文章（《文学的幻想——散文体哀歌》）起，即被强烈地吸引住了："它那大胆的、最新的精神……这不就是我许久以来渴望听到的那种真理的声音吗？""读完全文后，别林斯基的名字对我来说已变得十分珍贵……从此，再也不放过他的每一篇文章了。"

1839年春，巴纳耶夫决定去莫斯科，"当车驶近莫斯科时，一想到再过几小时就可见到别林斯基，我的心就欢快而剧烈地跳动起来……我即将进入一个新的环境，它同我过去的那个环境毫无共同之处……多亏了别林斯基和他的朋友们，我才有了一生中最美好、最幸福的那些时刻"，在别林斯基们的影响下，巴纳耶夫的创作由浪漫主义转向批判现实，成为俄国40年代"自然派"的重要成员。

别林斯基小组的前身是由斯坦克维奇（1813—1840）发起的"文学哲学小组"。该小组于1831年创始，主要由大学青年参与，斯坦克维奇是小组的灵魂和榜样。他超前的胆识、高贵的理想和完美的人格对别林斯基影响至深，可这位优秀的生命仅27岁就夭折了。"每个人在回忆他时都满怀虔敬之情，每次别林斯基眼里都噙着泪光……"

别林斯基、巴枯宁、卡特科夫、克柳什尼科夫、阿克萨科夫……这一班人几乎每晚都聚集在包特金家，讨论文学、美学、哲学的各种问题，朗读自创或翻译的作品，并试图对世上所有问题发表见解。虽观点不一，甚至有严重分歧，但灵魂的亲近总能使他们及时地消除误解。这个心灵家族是自由、充实而快乐的，他们的性情与能力总能神奇地互补，"每个人得到的东西都成为大家共同的财富"。激烈与宁静、冷峻与温馨、苛刻与宽容、凝重与诙谐……巴纳耶夫看到了一片浪漫而庄严的精神风光——

> 我永远也忘不了这些晚间聚会。为了探讨那些在今天，即二十多年后看来可笑的问题，他们花费了多少青春的时日、朝气蓬勃的精力和智慧啊！有多少次热血沸腾，又有多少次彷徨于迷途……然而这一切没有白费，它造就了一批最热情、最高尚的活动家。

别林斯基滚烫而笔直的秉性惊动了巴纳耶夫，他清晰地觉出这位同龄人血管里那股由俄罗斯命运巨石激起的澎湃："他站在我面前，苍白的脸变得通红：'我向您发誓，任何力量都收买不了我！任何力量都不能迫使我写下一行违背信仰的字来……与其践踏自己的尊严，降低人格或出卖自己，倒不如饿死了更痛快——何况我本来就每天冒着饿死的危险。'（说到这他苦笑了一下）。"

那时，别林斯基生活极为窘困，他参与的《莫斯科观察家》已入不敷出，"他开始向小铺赊欠。他吃午饭时我不止一次在场：一盆气味难闻的汤，撒一把胡椒粉……当然喽，别林斯基不会饿死，朋友不会让他饿死"。

1839 年 10 月，经巴纳耶夫力荐，别林斯基赴彼得堡主持《祖国纪事》评论专栏，开始了他一生中最璀璨和成熟的创作生涯。

30 年代的莫斯科，除了斯坦克维奇——别林斯基小组，还有赫尔岑、奥加廖夫主持的小组，后者更注重对社会民生和体制问题之研究。1834 年，该小组的主要成员一并被捕，数年的流放之后，赫尔岑、奥加廖夫、别林斯基、格拉诺夫斯基、巴纳耶夫等人正式团聚，彼此倾心相待，结下了兄弟般的情谊，赫尔岑坚定的现实立场对别林斯基们影响尤深。

　　继早逝的斯坦克维奇之后，格拉诺夫斯基是对莫斯科小组作用最大的人之一。他 1839 年一回国便填补了别林斯基的空缺，莫斯科青年狂热地追随他，迷恋他那种"一心追求自由的西方思想，即独立思考和为争取独立思考的权利而斗争的思想"。格拉诺夫斯基是历史学者，但毫无学究气，他利用莫斯科大学讲坛和报刊宣传自己对现代公民社会的认识。他性情温蔼、思维细致，身上"总有一种令人赏心悦目、使人神往的东西，就连那些对其信仰持敌视态度的人，也无法不对他抱有个人的好感"。赫尔岑极推崇他："格拉诺夫斯基使我想起宗教改革时期一些思想深沉稳重的传教士，我指的不是像路德那样激烈威严、在愤怒中充分领略人生的人，而是那些性情开阔温和、不论戴上光荣的花环还是荆棘的冠冕都泰然处之的人。他们镇静安详、步履坚定，却从不顿足。这种人使法官感到害怕、发窘；那和解的笑容使刽子手在处死他们后将受到良心的谴责。"

　　格拉诺夫斯基的特质于赫尔岑、别林斯基恰是一剂最有益的滋润和营养，于小组的异见分歧起到了通融弥合的作用。（在阅读中我深深觉出：格拉诺夫斯基与斯坦克维奇委实太相像了！仿佛精神上的双胞胎兄弟！他莫不是上苍为弥补夺走斯坦克维奇的过失而返还给俄罗斯的又一天使？）

　　小组的规模和影响日益扩大。但随着个人理念的逐渐成熟和各自一生中重大精神拐点的到来，别林斯基、赫尔岑们与昔日伙伴的分歧也愈发难以修葺——青春的友谊再也无法弥合事业上的裂隙。至 40 年代中期，这个在俄国历史上将留下辉煌刻记的小组迎来了它难以接受的落日时分——

　　我永远难忘在索科洛沃度过的那段时光。美妙的白昼，温暖的黄昏，在那里散步，在房前宽阔的草地上就餐……谁也不想睡觉，谁也不愿分开，连女士们也通宵不寐……大概谁也没料到，这是青春最后的欢宴，是对最美好的前半生的送别；谁也没料到每个人已站在了一条边界线上，线的那边，是同友人的分歧，是各奔东西和预料之外的长别离，以及过早逼近的坟墓……

　　然而1845年在索科洛沃度过的夏天，确实是以别林斯基、伊斯康捷尔（即赫尔岑）和格拉诺夫斯基为首的这个小组的落日时分——但这落日是壮美的、辉煌的，它以其最后的光芒绚丽地照亮了所有朋友……

作为读者的我，读到这儿绝没料到：该"落日时分"距别林斯基去世仅三年之隔。

19世纪40年代的彼得堡，在别林斯基生命的最后几年里，像雨后的蘑菇圈一样，围绕这棵大树又迅速冒出一簇更青春的额头：雅泽科夫、安年科夫、卡韦林、丘特切夫、涅克拉索夫、屠格涅夫、陀思妥耶夫斯基、冈察洛夫……其中的大多数都将在俄国文学史上找到自己的席位。

他们终生都将感激命运的安排：让自己的人生和伟大的别林斯基紧紧靠在一起。但他们更有理由仇恨命运：仅仅数年，他们就再也见不到那位圣徒了。

1848年5月，37岁的别林斯基永远告别了俄罗斯。

　　彼得堡为数不多的朋友伴送他的遗体到沃尔科沃墓地。参加这个行列的还有三四个不明身份者（第三厅派来监视的特务）……大家作了祈祷，将他的身体放下墓穴……随后，朋友们按基督教习俗默默地将一把把泥土撒向棺木，这时墓穴已开始渗出水来……

十三年后，另一位更年轻的天才评论家的死，把人们再次领到了别林斯基的墓前。

"他刚刚给自己开出一条独立的行动之路，死神就骤然打断了他——没有让他把话说完……"这墓伴竟是 26 岁的杜勃罗留波夫。

巴纳耶夫在《杜勃罗留波夫葬礼随想》的篇尾说道——

一切有头脑的人注定要遭受那些可怕的痛苦和磨难。一切有才能的俄国人不知怎么都活不长……

他不幸说出了这本书里最沉重的一句话，也是整场阅读中最折磨我的那个念头。

（本文为节选）

—— 2000 年

09

俄罗斯到底比我们多什么

　　■■■■■■一个人的轨迹，本可能是从一棵树变成一根庸钝的木头，只待光阴的虫子慢慢蚀空。可某天，一个蓦然飞来的事件，如蜻蜓般落于其肩，他太敏感，加上容易幻想和激动的体质，竟然被震醒了。那一刹，他突然看清了周围的一切，看见了世界地图和人生真相，他遇到了一股强大气流的召唤……一个从未有的念头升了起来，像树梢上的月亮。

　　一个人的状态彻底变了。一颗懵懂之心，突然持有了对生命整体的看法，有了自己未来的精神肖像。

　　一个身份诞生了，一部沸腾的生活拉开了序幕。

　　那时，他还是个孩子，一个唇角刚拱出茸毛的少年。

　　然而他奏响了。

1825 年，俄国历史上最著名的贵族起义被弹压。五位年轻的"十二月党人"被绞死。三十年后，赫尔岑回忆："我参加了祷告式，我只有 14 岁，隐没在人丛中，就在那里，在那个被血淋淋的仪式玷污了的圣坛前，我发誓要替那些被处死的人报仇，要跟这个皇位、跟这个圣坛、跟这些大炮战斗到底。"

少年赫尔岑的整个精神生活几乎完全被这个重大事件所占领，内心时刻不停地激荡着为光明和正义而奋斗的伟大冲动。

1827 年的某个黄昏，15 岁的赫尔岑和朋友奥加洛夫郊游到了莫斯科旁的麻雀山上。太阳正徐徐西沉，圆屋顶闪闪发光，美丽的莫斯科铺展在山下，清新的风迎面吹来，这对少年想到了全人类的命运和幸福，想到了俄罗斯的现状与未来。他们意识到了自己灵魂的纯洁与高尚，意识到了自己是命中注定担当大任的人。他们站在夕阳微风中，互相依靠，突然热烈地拥抱起来，他们对着伟大的莫斯科发誓，一定要为自己的使命去奋斗，直至献出生命。

以上引文出自一名当代青年的笔下：摩罗《巨人何以成为巨人》。这是我某个时期读到的最好的精神片断。看得出，他渴望这些，他偏爱并执着于此。那些霞光般的文字洋溢着作者理想的热力和巨大认同，他用感动与痴情来解读一个半世纪前的那场少年举止，不仅仅是复述，更是奋力的加入。

可以想见，作者这样写时，一定情不自禁地和那对少年拥抱了——多么年轻而结实的精神团聚！在莫斯科郊外的山上，在 19 世纪初的晚风中，纯真的脸孔、昂扬的头颅、狂热的心跳、无畏的神情，一份伟大的喜悦在他们中间传递。

透过时空的雾霭，我向遥远霞光里的那座俄罗斯山冈——向一群火热的少年致敬。

作为事业的发轫和生命身份的确立，这类象征巨大转折的体验，在每一个优秀人物的精神履历中都可找到，又几乎成了其生涯故事中最明亮、最欢愉和高潮的片断。读赫尔岑《往事与随想》，读巴纳耶夫《群星灿烂的年代》，读茨威格《一个欧洲人的回忆》，读罗曼·罗兰《约翰·克利斯朵夫》，读妃格念尔《俄罗斯的暗夜》……莫不如此。每触及这些部位，你都有一种振翅欲飞的临界感，紧张、亢奋，焦急不安又很有把握，仿佛期待"那件事"已很久，仿佛和故事早就有了某种约定。

1845 年 5 月的一天，一个俄国青年忐忑地写完了一篇小说，并用了个和自己处境相符的名字：《穷人》。要知道，这可是他的处女作！青年激动不已，又惶恐得彻夜失眠。几经辗转，《穷人》终于摆在了别林斯基的案头，等候这位文坛领袖的裁判。领袖本打算只翻上几页，谁知竟一发难收。他兴奋得脸通红，读完全稿，大跳起来，冲外面喊："快，他在哪儿？快请他来！"

青年被朋友推搡着来了，低着头，连正看一眼偶像的勇气都没有。别林斯基两眼湿润，使劲扶着这位瘦弱青年的肩："知道吗？你写出了一件多么了不起的作品……真实向你敞开，向你这个艺术家显示！就像天赐之物恰好落在你的手里，不是别人，是你！……请珍视你的天赋，永远忠诚，做一个伟大作家吧！"

惊愕、狂喜、晕眩……青年朝对方深鞠一躬，匆匆逃走。他要快点离开这儿，他要独自体会一下这突如其来的幸福。

来到大街上，他突然对世界有了异样感，树木、行人、车马、桥水、教堂、钟声……一切都那么明净、灿烂，美好得不可思议！他恨不得拥抱街上的每个人。"请永远忠诚，做一个伟大作家吧！"一股神圣而隐秘的崇高感滚过心头，他猛然意识到自己是有义务向天空发誓的人，身体不能自持地颤栗着，如一枚被风吹舞的叶子。一份全新的、光荣而冒险的生活朝他招手，非己莫属……后来，青年在日记里写道："难道我真的这样伟大？啊，请别见笑……我将不辜负这些赞扬，多好的人们啊，原来人类就在这儿！我将报答他们，努力使自己变得像他们一样美好，永远忠诚！"

那一天，上帝把一个伟大的穷人——陀思妥耶夫斯基——颁发给了苦难深重的俄罗斯。

许多年后，当他戴着镣铐，以死囚名义走向谢苗诺夫校场，当他背着刑期在西伯利亚的冰天雪地里踽踽而行，当他站在普希金纪念碑下领受欢呼……他都会想起1845年5月的那一天，自己不正是从那儿开始的吗？即使上帝再给他一次生命，他仍愿回到那儿，让那位尊敬的人把手搭在自己肩上，然后，听那激动人心的声音："请珍视你的天赋，永远忠诚……"

巨人的诞生本身就是一记艺术惊叹，就是一项造价极高、工期极长、程序繁密的命运工程。你想，上帝为了造就一位巨人，真不知要动多少脑筋，要精心构思、巧妙布局，在他的成长途中埋伏好所有的人生组件：贫困、孤独、凶险、苦役、绝望、种种打击与磨砺，又不失时机地抛出友谊、爱情、援手、响应、神秘的呵护与慰藉……可谓费尽心机。而每涌现一件佳作，又要虚掷多少庸品和赝料。

这时，你在分享伟大的同时，又生出些许妒羡——

在我们居住的地方和时代，命运何以没安插下那些优秀的人生和灵魂？即使我们自身不配成为优秀，哪怕安排我们与优秀为伍也好啊。

一位青年在阅读了大量俄罗斯史记，尤其是那些催人泪下的同志友谊、不渝恋情、精神誓约之后，吐露了这样的心声——

在读过《群星灿烂的年代》之后，我心里就有了一个小小的愿望，那就是希望支配我的人开开恩，将我恶狠狠一下子支配到19世纪的俄罗斯去，哪怕是废除农奴制之前的俄罗斯，虽然那里的阴曹地府可能会比这里冷，可那儿至少还有巴纳耶夫式的主人对我和蔼，对我怜悯……（摩罗《人身支配权》）

如此露骨的表白需要勇气，正如作者承认的："这样的事有教养的人说出口都会害臊的。"

这是谄媚吗？当然不。他那样说，并无申请精神或生存避难之意，他只是太孤单了、太苦闷了、太屈辱了，他只是隐约觉得，在那样的环境里，肉体虽然难过但至少灵魂好受些……他并不躲避来自恶俗的迫害，只是不忍同胞的麻木、误解和助纣，他只是想在取义途中不再目睹民间的堕落，在迎敌的当口免遭背后的乱石和污水，在黑屋子里敲砖时能溅出些电石火花，不致一丝细弱的回声都没有……

这小小的请调报告实在太单薄、太悲情了。

19世纪的俄罗斯到底比我们多什么？

或许，那儿更多的是敌人的恶狠狠——而非同胞、同类的恶狠狠。至少在监狱中，你会遇到像祖布科夫、韩加尔特那样正直的监狱长和司法官；至少在车尔尼雪夫斯基的刑场上，你会看到不知名的鲜花；至少在生命的某个拐角，你会邂逅妃格念尔、苏菲娅、巴尔津娜这样的姐妹；至少有像赫尔岑、别林斯基这样呵护理想幼年的精神导师；至少冰天雪地里还有像"十二月党人"家眷那样的温情（陀思妥耶夫斯基被流放至西伯利亚后，享受的第一顿热餐即她们亲手做的。临终时，他一直握着三十年前她们送的《福音书》）；至少当你亡命天涯时，还会遇到一点充饥、解渴的东西——据赫尔岑回忆，西伯利亚居民对流放者给予了无微不至的关怀和同情，比如彼尔姆、托博尔斯等地有个习俗：夜间在窗台上放些面包、牛奶或清凉饮料"格瓦斯"，若有人逃亡时路过，腹中空空，又不敢敲门，即可随手取用，不必付酬。

多么伟大的细心，伟大的"格瓦斯"习俗！

正因俄罗斯之夜到处闪烁着这些美丽的窗台，那些落魄的脚步才不致绝望，理想才不致一败涂地。

群星之所以璀璨，是因周围有数不清的热粒子滋养它们。巨人之所以诞生并顽强成活，是因有充分的厚土、养分和地下水。而在另一些时代和国土，由于环境险恶，即使播下了龙种，收获的也是跳蚤；偶有星子闪烁，也很快被迅速赶来的尘霾所吞，仿佛群蝇强暴一滴蜜。

当视线从耻辱的脚下移开，仰望星空，你会深情怀念那片神奇的19世纪之夜，它那般明亮、辽阔……

你不禁想握握那双叫"赫尔岑"的手，就像不知不觉来到了1827年莫斯科郊外的山上。

　　　　　　　　　　　　　　　　　　十 1999 年

10

"坐着"的雕像

1

1999 年 6 月 15 日，美国国会的圆形会议厅里掌声雷动，克林顿总统将一枚金质荣誉奖章授予一位黑人老妪——86 岁的罗莎·帕克斯，感谢她以公民身份对国家人权事业所作的贡献。在参议院提名中，她被誉为"美国自由精神的活典范"。事情应追溯到 44 年前，她在阿拉巴马州的遭遇——

1955 年 12 月 1 日傍晚，蒙格马利市，劳累了一天的帕克斯立在寒风中，她疲惫不堪，焦急地盼着回家。车终于来了，是一辆破旧的公共汽车。上车后，帕克斯一点点朝厢尾挪，虽然前面有空位，但肤色决定了那不属于她，因为州法规定，在公共汽车上，黑人只能坐车厢尾部，前座留给白人。所幸的是，帕克斯很快轮到了一个座位。

上车的人越来越多，站立者中依稀有白皮肤在晃动……突然，昏昏欲睡的帕克斯被一声呵斥惊醒，车子停下了。驾驶员指着四个黑人，命令其站起来，将座位让给白人。帕克斯顿时清醒，知道自己被选中了，看看身边三个同样皮肤黝黑的人，她失望了，她从同类的眼神里看到了慌乱、惊恐和服从的本能……终于，四人中站起了三个，唯一继续坐着的，是帕克斯。

坐着的人被捕了，转眼又被解雇，罪名是：蔑视本州的种族隔离法。

四天后，蒙格马利市数千黑人拒乘公共汽车，更多的人被老板开除。这时，他们听到了一个沉雄有力的声音，一位年轻的黑人牧师马丁·路德·金告诉自己的同胞："美国民主的伟大之处在于为权利而抗议的权利！"他大声疾呼：人，为什么要自卑？上帝子孙的权利为什么有"白"、"黑"之分？伟大的美国怎样才配得上它的伟大？在这些滚烫的声音烘烤下，全市五万黑人沸腾了，开始咆哮，开始喷发压抑已久的黑色怒火。

但金告诫着火的同胞："我们不能容许这具有崭新内容的抗议蜕变为暴力行动！我们要不断地升华到以精神力量对付物质力量的崇高境界中去！"静坐、集会、上诉、长途游行，黑皮肤们没有让怒火蜕变为物质的黑烟，他们以和平方式对公交车进行了三百多天的抵制。翌年12月，美国最高法院作出裁决：蒙格马利市在运输工具上实行种族隔离法，背离了宪法精神，属违宪行为。

由此，一场波澜壮阔的黑人民权运动拉开了序幕。它的第一章节，竟是由一位黑人妇女"拒绝起立"这一身体语言来写就的。金说：

"她坐在那儿没有起来,因为压在她身上的是多少日子积累的耻辱和尚未出生的后代的期望。"

帕克斯出狱后,奋然投身于民权运动,为此工作了 14 年。此间,她多次受到种族主义者的死亡恐吓,多次被迫搬家。

1963 年 8 月,在华盛顿的林肯纪念碑前,二十万人见证了这座声音——

> 我梦想有一天,这个国家会站立起来,真正实现它信条的真谛:"我们认为这些真理是不言而喻的:人人生来平等!"……我梦想有一天,在佐治亚的红山上,昔日奴隶的儿子将能和昔日奴隶主的儿子坐在一起,共叙兄弟情谊……我梦想有一天,我的四个孩子将在一个不是以他们的肤色,而是以品格优劣来评价他们的国度里生活。

这就是被载入"美国赖以立国文本"的《我有一个梦想》。作者:马丁·路德·金。

这正是千百万帕克斯的梦想,正是她当年"坐着"时怀揣的那个梦想。为纪念这一梦想,为缅怀为这一梦想而被子弹染红胸襟的作者(和一个世纪前《黑奴解放宣言》的作者林肯同样的命运),从 1986年起,美国政府规定,每年 1 月 5 日,即其生日这天,为"马丁·路德·金纪念日",全体公民都要重温这篇演讲词。这是继华盛顿后,第二个获此荣誉的人。

2

认真地生活，有尊严地活着且追求着，这多么可敬，也多么不易。有时就连捍卫身体的支配权都需付出代价，比如被勒令"举手"、"鞠躬"、"鼓掌"时的无动于衷，比如被勒令下跪时的"站着"，像帕克斯那样被呵斥起立时的"端坐"……

一个柔弱的妇女，她安静而凛然地坐着——如一尊塑像，坐在上帝赋予的位置上。这个表面上极正常的姿势，那一刻却惊心动魄，它撼动着整个车厢，震颤着一座城市、一个国家的权力建筑和民心广场的地基……乃至四十年后，这个国家要用一枚重量级的黄金来答谢它。

那一刻，她清楚自己的正确，但从未想过正在做着一件多么了不起的事，就像她所说："我上那辆公共汽车不是为了被逮捕，我上车只是为了回家。"

那一刻，威胁和压迫她的，除了白人的盛气凌人和骇人的司法权力——那几乎无人敢说"不"的国家机器，还有那三位同胞的服从。他们的"起立"俨然成为一种精神围剿，是对那"坐着"的灵魂之最大伤害。这股本应支援帕克斯的最近的力量，像逃兵一样，突然溜离了自己的母体。

一个人，做着和人群同样的事或动作并不难，难的是当众人背叛了"共同体"的神圣契约，只剩下"个"的时候。

那一刻，她是悲壮的。孤独而凄凉。

我认为，帕克斯是有资格获得一座雕像的人。一座普通的"坐着"的雕像。我更相信，她获得的是一份平民奖，而非精英奖。仪式上，帕克斯说："这个奖是鼓励大家继续努力，直到所有的人都有平等的权利为止。"有媒体感叹："显然，今天的美国黑人要想真正站起来，同样需要44年前罗莎·帕克斯太太拒绝站起来的勇气。"

当被勒令起立时，人应是坐着的。当被呵斥下跪时，人应是站着的。

她是人群中的"一个"，却代表着人群中最珍贵和最有希望的那部分。这样的"一个个"，在任何时代和国度，都是公民社会和正义事业最牢固的基石与脚手架，是酿成奔流的那最早最核心的一滴水。

若每个人都坚持让自己的声音钻出身体，都以不亢不卑的行为和姿态，在天空中传播一缕自由气息，那生活就有望了。

应该说，在弥补过失、自我校正的能力和效率方面，美国社会是优秀的，它有一种刨子般朝理想掘进的朝气和蓬勃。一桩良知申请、一项权利投诉，在它那儿，阻力或许是最小的。

当每一株草都挺直了茎秆，扬起尊严的头颅和长发，那你看到的风景就不再是匍匐的草坪，而是雄阔恢宏的草原了。帕克斯即这样一株野草罢。

—— 2000 年

11

权利的傲慢

耶路撒冷有一间名叫"芬克斯"的酒吧，面积仅 30 平方米，却连续多年被美国《新闻周刊》列入世界最佳酒吧的前 15 名。究其奥妙，竟和这样一则故事有关——

酒吧老板是个犹太人，罗斯恰尔斯，在其悉心经营下，酒吧小有名气。一天，正在中东访问的美国国务卿基辛格来到耶路撒冷，公务结束后，博士突然想光顾一下酒吧，朋友推荐了"芬克斯"。

博士决定亲自打电话预约，自报家门后，他以商量的口吻问："我有十个陪同，届时将一同前往，能否谢绝其他顾客呢？"

按说，出于安全考虑，此要求是可以理解的。何况这样的政要造访，对一家商户来说，是求之不得的幸事。

谁知老板不识抬举，他接受了预约，但对国务卿的附加要求却不接受："您能垂幸本店，我深感荣耀，但因您的缘故而将他人拒之门外，我无论如何也做不到。"

博士几乎怀疑耳朵听错了，气冲冲挂了电话。

第二天傍晚，"芬克斯"的电话又响了。博士的语气柔和了许多，他对昨天的失礼致歉后，说这次只带三个同伴，只订一桌，且不必谢绝其他客人。

"非常感谢您的诚意，但还是无法满足您。"

"为什么?"博士惊愕得要跳起来。

"对不起先生，明天是礼拜六，本店例休。"

"但，我后天就要离开了，您能否破一次例呢?"

"作为犹太人后裔，您该知道，礼拜六是个神圣的日子。礼拜六营业，是对神的亵渎。"

博士闻后，默默地将电话挂上。

读完这则故事，我默然良久，为那栋叫"芬克斯"的小屋怦然心动。

我想，基辛格博士是不会轻易忘掉这件事的。

这样的事既令人沮丧，也令人鼓舞。人人生而平等，人最重要的权利即拒绝权力的权利……博士从这位傲慢的店主身上领教到的"公民"含义、从一份商家纪律中感受到的"尊严"与"权利"，比那些镌刻在纪念碑、印在白皮书上的，显然更深刻、更有分量。

权利，面对权力，应该是傲慢的。

后来，我竟莫名地打量起它的真实性来，会有这等事发生吗?

很快我明白了，疑心完全是"以己推人"的结果，是对自己和周围不信任的结果，是在一个完全不同的文化和制度环境中深陷太久的结果。无论地理还是灵魂，耶路撒冷，都太遥远了，像一抹神话。

一件小事，仔细品味却那样陌生，那般难以企及。从开始到完成，它需要一个人"公民"意识的长期储备，需要一种对尊严和规则牢固的持有决心，需要一个允许这种人、这种性格、这种人生——安全、自由、稳定生长的环境。

坦率地说，我对这等事发生在自己身上不抱信心。即使这个故事让我备受激励，但假如我有一间"芬克斯"，便能重复那样的傲慢吗？（哪怕是作秀，哪怕是一个市长的光顾）作为一记闪念，或许我陡然想对权力说"不"，但该念头是否顽固到"不顾世情"、"不计弹性"的地步，是否有足够的决绝以抵御惯性的纠缠——而绝无事后的忐忑和反悔？我真是一点把握都没有。

我是环境的产物。我的一切表现都是环境和经验支付的，我实在拿不出有别于他人的"异样"。从发生学的角度看，遗传的力量总是大于变异。

我向往，但我不是。

✝ 1999 年

12

诗人与公民

你可以不做一个诗人，但必须做一个公民。

——涅克拉索夫

人生的两个地点

"五四"前夕，陈独秀发表了《研究室与监狱》一文：

世界文明的发源地有二：一是科学研究室，一是监狱。我们青年要立志出了研究室就入监狱，出了监狱就入研究室，这才是人生最高尚优美的生活。从这两处发生的文明，才是有生命有价值的文明。

1919 年 6 月 9 日，作为"五四"运动的领袖、北京大学的文科学长，他亲自在楼顶抛撒传单，结果入狱。青年毛泽东在湖南振臂高呼："陈君万岁！""我祝君至高至坚的精神万岁！"在各界营救下，陈独秀于 9 月 16 日获释。此后，他又分别于 1921、1922、1932 年三次被捕，最后以"文字为叛国之宣传"被判刑 13 年。1929 年，这位五届总书记被他亲手缔造的政党所除名。抗战爆发后，获释的他拒绝出任国民政府劳动部长，拒绝蒋介石的资助，拒绝胡适的赴美邀请，拒绝谭平山要他出面组织"第三党"，用他的话就是："我的意见，除陈独秀外，不代表任何人。我要为中国大多数人说话，不愿为任何党派所拘束。"……1938 年，他流落四川江津，继续自己的社会政治学研究，终于得出"深思熟虑六七年"的结论（即后来《陈独秀的最后见解》一书的内容），被胡适叹为"大觉大悟"之洞见。尤其是他提出的把民主作为衡量一个国家进步或反动的标尺，而民主的关键又在于反对党之自由等观点，已远远领先了他的同志和同胞。"'无产阶级民主'不是一个空洞的名词，其具体内容也和资产阶级民主一样，要求一切公民都有集会、结社、言论、出版、罢工之自由。特别重要的是反对党派之自由，没有这些，议会或苏维埃同样一文不值"。而且，他是第一个把对斯大林的反思升至制度层面的人，这一点甚至比托洛茨基更为透彻："我们若不从制度上寻出缺点，得到教训，只是闭起眼睛反对史（斯）大林，将永远没有觉悟。一个史（斯）大林倒了，会有无数史（斯）大林在俄国及别国产生出来……是独裁制度产生了史（斯）大林，而不是有了史（斯）大林才产生独裁。"

这些声音，可谓中国 20 世纪上半叶最深刻最卓越的思想之一。大陆知识分子再次遇到并思考同类问题，已是半个世纪以后的事了。

1942 年 5 月，陈独秀在贫病和孤独中死去。他的一生，正应了自己的话："出了监狱，就入研究室，出了研究室，就入监狱。"

这是时代对一个自由理想者的命定。他"终身反对派"的角色、他超前的清醒和决绝的独立，使之失去了所有可依傍的政治势力。这是纯粹一个人的战斗，他有的是敌人，有的是朋友，唯独没有同志。读他、懂他的人，要待半个世纪后才稀稀拉拉地来到他的墓前。

整个 20 世纪，论对乌托邦政治的反思和先见，论生涯命运的跌宕与悲怆，这都是绝无仅有的个案，也正应了他的名字：一枝独秀。

在坐牢一事上，"五四"前后的知识分子，可谓熙熙攘攘。国学大师章太炎一生七次被追捕，三次入狱。最著名的两次是：1903 年发表《驳康有为论革命书》和为邹容的《革命军》呐喊；1913 年宋教仁遇刺后北上痛骂袁世凯，且携被袟宿其门下。鲁迅感叹："考其生平，以大勋章作扇坠，临总统府之门，大诟袁世凯包藏祸心者，并世亦无二人……这才是先哲的精神，后生的楷范。"

一个人的生命走向，取决于时代大势对他的召唤和录用，即便像陈独秀这样对语言学和教育大业情有独钟者，像章太炎这样精湛于国学经史和中医者，不也把生命的大部分能量倾注于社会变革了吗？

前一方面是个人的事业，后一方面是人的事业。

世界历史上，如此往返于监狱和书房的例子比比皆是：托马斯·莫尔、雨果、左拉、陀思妥耶夫斯基、车尔尼雪夫斯基、古米廖夫、曼德尔施塔姆、左琴科、茨维塔耶娃、索尔仁尼琴、布罗茨基、托马斯·曼、伯尔、黑塞、何塞·马蒂……

陈独秀的性情和命运，常让我想起另一个人：托马斯·潘恩。这个被誉为"世界公民"和"两个世界的英雄"的人，不仅投身于美国独立战争，以《常识》点燃了新大陆的自由浪潮，还参与了美国《独立宣言》、法国《人权宣言》的拟定。但其身世却多舛，正像有人感叹的："他有《常识》，反抗那时的政治传统；他有《人权论》，反抗社会传统；他有《土地正义论》，反抗的是经济传统；他有《理性时代》，反抗的是宗教传统……这样一来，他就把那个年头能得罪的权势都得罪了。"（朱学勤），故其一生，除了写作，就是坐牢和流亡。

而俄罗斯，更是支持陈独秀的人生公式。从 19 世纪到 20 世纪，它的赤子，一个高尚而勇敢的人，不是在地牢里，就是在西伯利亚的冰天雪地里。叶夫图申科在《提前撰写的自传》中说："在俄国，所有暴君都把诗人看作死敌。他们恐惧普希金，在莱蒙托夫面前发抖，害怕涅克拉索夫——正是他，在一首诗中写道：'你可以不做一个诗人，但必须做一个公民！'……我在斯大林死前一直躲在抒情诗领域，但现在我要离开这个避难所了。我觉得没有权利再去开垦内心诗这种日本式的园地。当周围的人都抬不起头来时，谈论自然、女人和内心的呻吟，在我看来这不道德。"

这正是伟大的俄罗斯传统，自"十二月党人"以来开创的知识分子传统。"十二月党人"起义时，普希金正在外地，一接到通知，立刻奔赴彼得堡，但还是迟了。他的朋友遭绞杀后，尼古拉一世故意试探："假如十二月你在彼得堡，会在哪里？"诗人严肃道："在造反者行列中，陛下。"

没有责任，艺术即无法受孕

1885 年 6 月 1 日，巴黎凯旋门，一辆黑柩车缓缓行驶，街道上涌动着近百万法国人，大家自发地追随着它、拱卫着它。城市上空飘着一面面旗幡，上面赫然题着"悲惨世界"、"九三年"、"海上劳工"、"秋叶集"等一部部书名。路灯全部点燃，即使在白天；灯上罩着黑纱……整个法国在为一个人送葬。

维克多·雨果！

罗曼·罗兰说："在所有作家和艺术家当中，雨果是唯一得到永远活在法国人民心中这种荣誉的人。"

在雨果的遗产里，除享誉世界的著作外，更有广泛的生命行为，即知识分子良知与责任的外化，对权力的反抗和为弱者的辩护。"诗人是暴君的裁判者。""人生便是白昼与黑夜的斗争。""我恨压迫，恨得刻骨铭心。"他说。

1839 年 8 月，共和党人的巴黎暴动失败，起义组织者巴斯贝斯将被处死，雨果连夜致函国王，请求赦免，终于挽救了对方。23 年后，雨果突然收到巴斯贝斯的亲笔信，感谢他的救命之恩。而此时的雨果，已被自己的祖国流放了。

1859 年，美国废奴运动领袖约翰·布朗被捕，地方法院以叛乱罪判其死刑，拟于 12 月 2 日执行。雨果闻讯时，已是执行当日，但有消息说，死刑将推迟至 26 日，雨果立即发表《致美利坚合众国书》，警告美国政府："如果 12 月 26 日竖起绞架，今后，在无法更改的历史面前，新大陆庄严的联邦就将在它所有的神圣责任上添加一项血腥的责任，共和国之耀眼的集体就将由约翰·布朗的绞索捆扎。"

此外，英国、比利时、日内瓦、土耳其、爱尔兰、俄罗斯等地的受害者，都得到过这位素不相识的法国人无私而慷慨的援手。这是一位真正巨人的手，之所以巨大，是因为他的慈悲、信仰、精神视野、同情心和关怀力之大，他为自己确认的责任和义务之大。

临终前，他在遗嘱中写道："将我的五万法郎留给穷人。用穷人的枢车把我送进公墓。"

是啊，谁会嫉妒雨果享有的这份举国拥戴呢？谁会不记得他因反对路易·波拿巴独裁而流亡 19 年呢？谁会忘记他以 70 岁高龄投入巴黎保卫战呢？

雨果的文论中，我最喜爱的即那篇《伏尔泰百年忌辰讲话》，尽管其使用了世上最华丽的词藻和暴雨般的激情（对一般写作来说这显得矫情），但我每次读它总忍不住隐隐动容，这种盛赞放在伏尔泰身上，非但不为过，反成了一种准确、一种旷世的传神——

一百年前的今天，有一个人死了。他虽然辞世，却是不朽的。他走的时候满载着岁月，满载着最赫赫有名、最令人生畏的责任感！

为了解释"责任"一词，雨果帮众人回忆了两件事：一是 1762 年 3 月 9 日，一位叫让·卡拉斯的无辜老人被当局粗暴处死，一是 1765 年 6 月 5 日，一个 19 岁的年轻人被宗教法庭割下手臂、舌头和脑袋，扔进燃烧的柴堆里。

那时，伏尔泰，你发出愤慨的喊声，这是你永恒的光荣……先生们，让我们向这段回忆致敬吧！伏尔泰获胜了，伏尔泰进行了辉煌的战斗，一个人对所有人的战斗，也就是说，伟大的战斗！精神对物质的战斗，理性对偏见的战斗，正义对非正义的战斗……仁慈的战斗，温柔的战斗。他有着一个女人的温柔和一个英雄的愤怒。

向正义法庭揭露法官，向天主揭露教士，这正是伏尔泰做的事……卢梭代表人民，伏尔泰还要宽广，代表大写的人。

耶稣与伏尔泰相隔 1800 年，但在人道主义上，两人不谋而合。

实施自己的权利，就是说要做一个人。履行自己的职责，就是说要做一个公民。伏尔泰这个词的含义就在这里。

只有一种伟力，那就是为正义服务的良心；只有一种光荣，那就是为真理服务的天才。

说到底，伏尔泰之所以让雨果敬仰，在于他高举的责任。比学术、艺术、体系和巨著更重要的是"人"的声音，是一个大写的人的日常责任、生活责任、良心责任。

那些让雨果赞美的特征，在他自己身上一样不少。他热爱这些东西，说明他本人即属于这些东西。

1989 年，米兰·昆德拉在祝贺同胞——剧作家哈维尔当选捷克总统时写道："他可以做其他事（例如写剧本或诗），可以避开自己的命运——但他做不到。无疑，因为存在着一种比他本人更有力的东西，这东西在他之外却将他牢牢抓住，这便是他称为'责任'的那种东西。"（《永远的剧场诗人》）

艺术只有在最广阔的生命范围内找到了自己的责任、服务对象和价值对立面，才会诞生深刻的主题——人的命运，否则她在精神上即不会受孕，即只会停留在手艺阶段。艺术是在大地上行走的，艺术的敌人，就是生活的敌人。

科学的生命职责

不涉政治，往往会被视为一种操守上的"独立"、"清洁"，但不介入决不意味着不思考、不审视，对扑面而来的政治无动于衷；也决不意味着一个从不思考政治的人会始终有益于社会，比如 20 世纪三四十年代，一个德国核物理学家若彻底不问政治会发生什么事呢？无疑是可怕的，这种政治失明会带来物质和精神的双重后果。

失明和顺从、沉默和驯服是近邻，就像睡眠和梦游的关系。C. P. 斯诺在《两种文化》中称："忠诚很容易转化为顺从，顺从则常常是怯懦和谋求私利的借口。想想人类漫长而阴暗的历史，你就会发现，以服从名义犯下的骇人罪行，远比以造反名义犯下的多得多。德国军官就是按照最严格的服从法规来教育的……说科学家负有普通人的责任是不够的，他们负有大得多的责任。因为科学家有一种道德令要他说出知道的事。"

苏联氢弹之父、诺贝尔和平奖得主安德列·萨哈罗夫，在《我为什么不屈服于权力》中说道："1966 年，有关人士向苏共第 23 届大会递交了一份评论斯大林个人崇拜的联名信，我也签了名。同年，我又向最高苏维埃发了封电报，就当时正起草的一个将对拥有个人信仰者进行大规模迫害的法律发表了自己的看法（即苏联刑法典第 190—191 条）。这时，我个人的命运第一次与这样一群人的命运紧密联结在一起—— 一群数量虽少，但在道德天平上占相当分量的人，后被称为'持不同政见者'。""我们要做的是对人权和各种理想进行系统化的保护，而不是政治斗争。在任何一个国家，都不应出现对这种行动的合法性疑问。""我为这些呼吁成功地收集到五十个签名。每个签名对于签名者而言，都代表一次经过深思熟虑的道德行动和社会行动。"

在权力政客和失明者眼里，这些上书者和签名者无不是社会麻烦的制造者、诋毁国家政治的破坏分子，但平心而论，没有一个正直的俄国人甘愿扮演这种"为自己的祖国难过"的角色，甘愿"放弃赞美和讴歌的文化习惯却不顾一切地指责周围生活"（萨哈罗夫）。不，没人乐意这样！要知道，无论自然天性还是道德理性，他们都更适于从正面做出一些维护祖国尊严的事来。但这些披覆着科学和艺术使命的人——却被现实政治逼到了悬崖边上，"我知道在自己的国家和人民身上闪现着多少我热爱的美好东西，但我不得不把注意力集中在阴暗现象上，因为它们正是官方宣传悄悄漏掉的东西，因为它们代表着最沉重的破坏和最大的危险"（萨哈罗夫）。

要抗争，但不能沿袭权力斗争的路数，而是坚持和平方式的人权诉求，反抗压迫决不能制造新的压迫，这已成为自由知识分子的理念。正是从这一立场出发，我们才有足够的理由和勇气称：对政治发言绝非一件丢人的事！知识分子不能幻想以对权力的沉默与旁观求得独立和清白！过度的洁癖，不仅是一种病，还是一种脏。

在苏联，科学家成为"异议人士"的例子数不胜数：因公布人权状况入狱十年的生物学家科瓦廖夫，被控"散布地下出版物"的数学家皮缅诺夫，还有太空物理学家柳巴尔斯基、历史学家麦德维杰夫、生物学家若列斯、数学家图尔钦……专业知识分子何以成为公共知识分子？对此，苏共宣传部长亚·尼·雅可夫列夫在回忆录《一杯苦酒》中醒悟道："萨哈罗夫和索尔仁尼琴所以能走到一起，并非出自他们的本意，也不是按事物的常规逻辑。假如在自由的民主国家，俩人恐怕属于不同的政治团体。一个共同的力量使他们相遇，这就是反抗官方全然不容异见方针的力量。"

"关心人本身，应成为一切技术上奋斗的主要目标。当你们埋头于图表和方程时，千万不要忘记这一点！"（爱因斯坦《科学和幸福》）爱因斯坦为何在世人心目中享有如此高的威望？因为他把科学的良心功能放扩到了最大限度——准确地说，其生命关怀已无边界。

丹麦物理学家玻尔，也是这种"责任"的承担者。上世纪 30 年代，他将大批犹太同行从纳粹的死亡名单上转移出来，让其研究所成了世界闻名的犹太避难地。他还策划成立了"丹麦支援流亡知识分子委员会"。半世纪后，一位传记作家写道："经历这一阶段的人们永远不会忘记玻尔在许多人的生存问题上花费的时间。他总是不知疲倦地要把每一件事都安排得尽善尽美，若某位难民对替之找的位置不满意，玻尔立即会去再找一个……"

就像艺术家热爱生命之美，科学家追求的是事物真相、真理、秩序和神圣逻辑。没有比他们看到真理被颠倒、逻辑被篡改——更应表现出愤怒并拍案而起的人了。科学与艺术一样，服务的是生命，是公共事务，是人、民族和世界的前途。

一切真正的人，一切艺术家和科学家，一切对生活有美好打算的人，都必须首先找到让自己成为人道主义者——进而成为一个自由公民的途径和方法。

　　　　　　　　　　　　　　　　　　┼ 2000 年

13

生命的"大师级"

> *无穷的远方，无数的人们，都和我有关。*
>
> —— 鲁迅

1

1986 年，哥伦比亚作家加西亚·马尔克斯与秘鲁同行巴·略萨有过一场关于"作家责任"的激烈争论。前者表示："不管怎么说，我是一个负责任的作家。我把责任分成两种：一是对故土的责任，一是对同胞幸福所负的责任。"

是啊，对同胞幸福所负的责任，这正是一个大写的人的标志！

无论思想还是艺术，表达和拯救的都是人，服务的都是生命。那隐藏在思想和艺术最深处最本质的东西，一定是个体的自由愿望和权利诉求，一定是神圣的生命特征和最广泛的人道主义。

何谓"生命作家"、"人类良心"？其内涵和意义皆于此。反抗暴政、维护人权、为正义辩护、为自由而呼……这是一个作家、艺术家、学者、科学家——一个真正的普通人的天职。

没有灵魂责任、没有对民生的义务、没有为共同体服务的冲动、没有天然的反抗精神，一个人的激情、创造力和人格能量即会被削弱和压制（尤其是自我压制），就不会诞生真正的艺术和思想。伟大的艺术，只会在常识性的劳动中产生。

伏尔泰、卢梭、贝多芬、米开朗基罗、拜伦、潘恩、左拉、雨果、陀思妥耶夫斯基、托尔斯泰、罗曼·罗兰、高尔基、茨威格、爱因斯坦、奥威尔、布罗茨基……我们很容易开出一长串名单，来支持上述逻辑。

他们关注的是"人"本身，是最广泛的人类命运和前途。他们服务的是民主与公正、自由与和平、人道与安全，而非一己、一域、一党群的利益。他们捡起的无不是普世意义的大命题，即最普通、最普及层面的精神愿望和建议。

这正是被前捷克总统——剧作家哈维尔称之为"责任"的那种东西。

苏联流亡诗人、诺贝尔文学奖得主布罗茨基在致哈维尔的信里建议："你处于一个很好的位置，不仅要把你的知识传达给人民，某种程度上还要医治那种心灵疾病，帮他们成为像你那样的人……通过向你的人民介绍普鲁斯特、卡夫卡、福克纳、普拉托诺夫、加缪或乔伊斯，也许你至少可以在欧洲的中心把一个国家变成一个有教养的民族。"

2

1919 年 3 月 26 日，为抗议欧洲文化界在战争中各自"报效祖国"的丑行，由罗曼·罗兰起草的《精神独立宣言》在法国《人道报》上发表，文章说："知识分子几乎彻底堕落了……思想家和艺术家替荼毒着欧洲身心的瘟疫增加了不可估量的恶毒的仇恨。他们在自己的知识、回忆和想象力的军火库里搜索着煽起憎恨的理由，老的和新的理由……起来吧！让我们把精神从这些妥协、这些可耻的联盟以及这些变相的奴役中解放出来……我们只崇敬真理，自由的、无限的、不分国界的真理，无种族歧视或偏见的真理。"很快，爱因斯坦、萧伯纳、罗素、泰戈尔等 140 多位名人在其上签字。

每个年代的角落里，都会响起这样的嘀咕：为何艺术家不专心致志搞专业，偏选和艺术无关的事来做呢？有一次，贝尔纳去拜访纪德并请他为"德雷福斯案"（一位法国犹太军人的受迫害案，左拉曾为之辩护并坐牢）签名，客人走后，纪德大叫："多么可怕！竟有人将某种东西置于文学之上！"

没有什么比文学更重要吗？请一位有影响力的人为受害者说句公道话即绑架文学了吗？那么，文学之目的又是什么？

法国作家杜拉斯，以私人化写作闻名。在我的印象里，该小姐满脑子只有"情人"、"床"、"沙滩"、"做爱"这些软软的词，但近来翻她的书，惊见一篇《给范文同主席的信》，她替一位在押政治犯鸣不平：

巴黎，1986 年 3 月 19 日。玛格丽特·杜拉斯。致范文同先生，越南社会主义共和国，委员会主席——

　　……他关在您的监狱里已有十年之久了，却没受到任何控告，也不见打过什么官司……我给您写信是想让您记起他的存在，提醒您别把他忘了，他仍在押，病了，也老迈了。我想随意监禁人对国家不仅没有半点好处，相反还会使它声名扫地。放眼世界，长久地隐瞒一个人的存在是不可能的……我并非在要求您释放他，我只想把自己的声音加入到其他人的呼声中去，他们要求您别忘了，在您任主席期间，尚有一位哲人、作家关押在您的牢房里，他没有犯过任何罪过，只是本着他的良知生活罢了。还要提醒您，先生，本世纪所有的"政治犯"今天都成了英雄，而审判他们的"法官"相反都永远地成了杀害他们的凶手，这是值得记忆的。

　　祝好，先生，还有我的关心。

M. 杜拉斯

　　我想，仅凭这封短札，即使她再没别的作品，"杜拉斯"这个名字也将被世人记住。这在其缠绵而漫长的写作生涯中，恐怕是最不浪漫的一次了，也是最闪耀的一次。

3

　　除了物理学，爱因斯坦还发出过此类声音——"只有在自由的社会中，人才能有所发明，并创造出文化价值，使现代人生活得有意义。"（《文明与科学》）"科学进步的先决条件是不受限制地交换一切结果和意见的可能性。"（《自由和科学》）"宪法的力量全依赖于每个公民捍卫它的决心。""每个公民对于保卫宪法所赋予的自由都应承担起同等的责任。不过，就'知识分子'这个词的意义来说，他的责任更为重大，因为他受过专门训练，对舆论能发挥特别重大的影响。"（《答公民自由应急委员会》）

"我不同意您的看法，以为科学家对待政治问题——在较广泛的意义上来说就是人类事务——应当默不作声。""关心人的本身，应始终成为一切技术奋斗的主要目标……当你们埋头于图表和方程时，千万不要忘记这点！"（《科学和幸福》）

翻翻爱因斯坦年表，会立即发现，这位科学史上最繁忙的人，竟参与了那么多与"人类事务"、"生命事务"、"良心事务"紧密相连的事：1914年，为反对德国文化界为战争辩护，在《告欧洲人书》上签名，并参与反战团体"新祖国同盟"；1915年，写信给罗曼·罗兰，声援其反战立场；1927年，在巴比塞起草的反法西斯宣言上签名，参加国际反帝大同盟，当选为名誉主席；1928年，当选"德国人权同盟"理事；1932年，与弗洛伊德通信，讨论战争心理问题，全力反对法西斯；1933年，撰文指出科学家对重大政治问题不应沉默，文集《反战斗争》出版；1950年，发表电视讲话，反对美国制造氢弹；1954年，通过"争取公民自由非常委员会"，号召国人同麦卡锡势力作斗争，抗议对奥本海默的迫害，为此他被污蔑为"美国最大的敌人"；1955年去世前，同罗素通信讨论"和平宣言"问题，并在宣言上签名……

"科学家通过其内心自由、通过其思想和工作的独立性所唤醒的那个时代，那个曾使科学家有机会对同胞进行启蒙并丰富他们生活的年代，真的一去不返了吗？"爱因斯坦在《科学家的道义责任》中问。

若知识带给知识者的信仰与人格保险——不足以成为他们关心"人类事务"最有力的武器和驱动，那么，科学和艺术究竟有何用呢？

她用什么来答谢人间寄予的期冀和伟大赞誉？仅仅是产品、技术和娱乐吗？仅仅是在细节上丰富大家的业余生活吗？

若真这样，若知识者以为自由地算出"2 加 2 等于 4"就算有自由的话，那就太可怕了，也将意味着哈维尔斥责的那个"自由时代"的降临——"一种自由地选择何种型号的洗衣机和电冰箱的自由"，"生活陷入了一种生物学的、蔬菜的水平"。

从"蔬菜"到人，宇宙耗费了多少亿年光阴，可如今，仍有多少人被当成蔬菜一样来栽培和管理？当然，并非他们自愿停留在那种水平上，而是权力者绞尽脑汁使之匍匐在那条红线上，稍有挣扎，便遭呵斥和棍棒。

"你可以不做一个诗人，但必须做一个公民。"涅克拉索夫说。

费希特在论述学者的职责时称："基督教创始人对门徒的嘱咐实际上也完全适用于学者：你们都是最优秀的分子，如果最优秀的分子都丧失了自己的力量，那又用什么去感召呢？如果出类拔萃的人都腐化了，那还到哪里去寻找道德善良呢？"

文学、艺术、理性精神……绝非插花一样的装饰，它包含着人类文明系统中最宝贵的元素：自由、梦想、人道、平等、秩序……它应保持对一切灵魂事务和生命原理发言的习惯，这是专业外更大的责任。连自然科学也不例外，它的起点是理性精神，即力求公正、客观、逻辑、不捏造、不撒谎的真相精神。这同属人道精神。科学与艺术一样，同是呵护生命、服务公共的事业。

何为"大师级"？这是个专项成就问题，更是个生命业绩和精神体量的综合考核问题。二者从来都是胶和、共生的。在大师级人物那儿，无论哲学家、科学家，还是艺术家，你都会发现一个共同特征：他们的生命关怀力、精神能量大得惊人！除学术成就或艺术贡献，其身上总有众多的"外延"，比如反极权、反恐怖、反战争、反迫害、反种族歧视、反言论限制……总之，凡涉及人类生存的根本性、日常性问题，他们很少缺席。其精神之浩瀚、视野之辽阔、生命行为之丰富、人格之璀璨——与其专业成就是成正比的。荣格说："学术的最终成就是人格成就。"大概也是这意思。

（本文有删节）

十 2002 年

14

为什么不让她们活下去

.

革命肉体的洁癖

███████ 电影中，不止一次看过这样的情景：美丽的女战士不幸被俘，虽拼死反抗，仍遭敌人侮辱……接下来，无论她怎样英勇、如何坚定，多么渴望自由和继续战斗，都不能甩开一个结局：殉身。比如在敌群中拉响手雷，比如跳下悬崖或滚滚怒江……

小时候，面对这样的情节，在山摇地撼、火光裂空的瞬间，在悲愤与雄阔的配乐声中，我感到的是壮美，是激越，是紧挨着悲痛的力量，是对女战士的由衷怀念和对法西斯的咬牙切齿。

成年后，当类似的新版画面继续冲来时，心理却渐渐起变。除了对千篇一律的命运生厌，我更觉出了一丝痛苦、一缕压抑和疑问……那象征"永生"的轰鸣似乎炸在了我胸中央，我感到了一股毁灭之疼和死亡的惊恐。

为何不设置一种让其逃脱魔窟、重新归队的结局？为何不让那些美丽的躯体重返生活和时间？难道必须去死？她们就没有活下去的理由和愿望？难道她们的"过失"必须以死相抵吗？

这是一种什么样的创作心态？

终于，我懂了：是完美主义的要求。是革命肉体的洁癖所致。

不错，她有"过失"，她唯一的过失就是让敌人得了手。在革命者眼里，这是永远的痛惜，是永远挥不去、擦不掉的内伤。在这样的大损失面前，任何解释都不顶事。对女人来说，最大的生命污点莫过于失身——无论在何种情势下。而革命荣誉，似乎更强调这点，不仅精神纯洁，更要肉体清白，一个女战士的躯体只能献给自己的同志，决不能被敌人染指。试想，假如她真的有机会归队，那会是怎样一种尴尬？怎样一种不和谐？同志们怎么与之相认？革命完美主义者的面子怎么受得了？

唯一的出路只有一个，即所有编剧都想到的那种办法。在一声轰响中，所有耻辱都化作了一缕猩红的硝烟，所有人都如释重负，长舒一口气。硝烟散尽，只剩下蓝天白云的纯净，只剩下美好的往事，只剩下复仇的决心和升级了的战斗力……

这是所有人都不愿看到的。却是所有人都暗暗希望的。

她升华了，干净了，永生了。她再也不为难同志们了，再也不令自己人尴尬了。她成全了所有的人生观众。

这算不算一种赐死？

我不得不佩服编剧的才华和苦心。他们都那么聪明，那么为革命荣誉着想。以死雪耻、自行了断，既维护了革命的贞节牌坊，又不让活着的人背上心灵包袱，谁都不欠谁的……说到底，这是编剧在揣摩革命逻辑和原则行事，尽管正是他，暗中一次次驳回了她继续活下去的请求，但他代表的却是自己的阵营，是整个集团的形象工程。他是称职的。

失身意味着毁灭，这层因果，不仅革命故事中存在，好莱坞电影里也有。

《魂断蓝桥》我喜欢，但不愿多看，因为压抑，因为"劳拉"的死。我更期待一个活下来的妓女，一个有勇气活下来的妓女，一个被我们"允许"活下来的妓女……若此，我会深深感激那位编剧。

让一个曾经"失足"的人有颜面地活着，难道给谁丢脸？

是什么让艺术变得这样苛刻和脆弱？这样吝啬和不宽容？

其实是一种隐蔽的男权，一种近乎巫术的大众心理学，一种"法老"级的对女性伦理和生命角色的认定（即使在以"解放妇女"为目标之一的革命运动中也不例外）。为此，我认定那个暗示"劳拉"去死的编剧乃一俗物，我喜欢它也仅仅因为前半部，因为费雯丽那泪光汹涌的眸子。

看过两部热播的公安题材电视剧：《一场风花雪月的事》和《永不瞑目》，作者海岩。不知为何，当剧情刚展开至一半，比如那位女警察欲罢不能爱上了香港黑社会老大的弟弟，比如那位卧底的大学生被迫与毒贩女儿有了肌肤之亲，我脑子里忽然闪过一丝不祥之兆，似乎已预感到其必须死了……不仅因为其犯了规，违反了职业纪律，关键在于其身子出现了"不洁"——这是为革命伦理所难以谅解的"罪"啊。开始我还盼着自己错了，希望我的经验过时了……但很遗憾，那经验仍很"先进"。

　　或许作者就是那样的道德家吧，有着难以启齿的洁癖。也或许是自我审查所为，不这么写，即无法从革命伦理的标尺下通过。

　　贞操、完美、亵渎、玷污、耻辱、谢罪、洗刷、清白……

　　世人竟臆造了那么多凌驾于生命之上——乃至可随意取代它的东西——甚至铸造出了命运的公式！

　　这让我想起了自然界的一种哺乳现象：据说一些敏感的动物，若幼崽染上了陌生的气味，比如与人或其他动物接触过，生母往往会将之咬死。原因很简单：它被染指过了，它不再"纯洁"。

对女性身体的"领土"想象

　　印度女学者布塔利亚·乌瓦什在《沉默的另一面》中，记述了1947年，随着印度和巴基斯坦宣布分治和独立建国，在被拦腰截断的旁遮普省发生的一场大规模流亡和冲突：以宗教隶属为界，印度教、锡克教人逃向印度，伊斯兰教人涌向巴基斯坦。短短数月内，一千两百万人逃难，一百万人死亡，十万妇女遭掳掠。作者以大量实录记述了这场人类灾难，其中尤以女性遭遇最为惨烈：为防止妻女被玷污，大批妇女被男性亲属亲手杀死，或自行殉身。

　　被采访者中有位叫辛格的老人，当年他和兄弟把家族中的17名女人和儿童全部杀死。他说："有什么可害怕的呢？可怕的是蒙受耻辱。如果她们被穆斯林抓去，我们的荣誉，她们的荣誉就都完了……如果你觉得自豪，就不会害怕了。"屠杀的方法有服毒、焚烧、刀砍、绳勒等。在锡克族的一个村子，90名女人集体投井，仅3人幸存。一位叫考尔的幸存者回忆："我们大家都跳进了井里，我也跳了进去，带着我的孩子……井太满，我们没法淹死。"读到这儿，我惊出一身冷汗，世上竟有一种叫"谋杀"的爱？死，反倒成了一种救赎、一种恩惠？

据说，那口井太惨烈太著名，连印度总理尼赫鲁都曾去探视。

对于那些亲手杀戮亲人的男子来说，即使事情过去了半个多世纪，他们也不为当年的事有一丝愧疚，反而备感自豪，对妻子姐妹毅然领死充满赞美之情。

几十年后，许多被掳的妇女大难不死返回故里，迎接她们的第一句话竟是："为什么回来？你死了会更好点儿。"

作者分析说："不论印度教、回教还是锡克教，都把女性的母亲角色和生殖功能联系于民族国家大业的开展，联系于传统的维护。女人身体成为民族神圣不可侵犯的领土、男人集体的财产、反殖民抗争的工具。"

其实，女体成为男性决斗的战场，成为民族拱卫的领土，这种情况在人类历史上已成普遍事实。只不过愈是宗教形态强硬的地区，愈发变本加厉而已，为浇固教旨的尊严和民族性的纯粹，往往竞相在对妇女的约束上下功夫，对女性形象和操守的约定与禁忌，总远大于对男人的要求。比如在阿富汗塔利班的统治下，女性被剥夺了受教育和参与公共活动的权利，身体终日被裹在水泄不通的长袍里，只许露一双眼睛——这种对女体的超强重视，这种监狱般的严密"保护"与封锁，其实昭示了一种对宗教母本的捍守决心，一种对外来文化窥视的严格防范，一种充满敌意的警告与断然呵斥。

你甚至很难说清楚，这究竟算是一种护爱，还是一种刻意的虐待？

由于女性天然的生理构造、原始的生殖色彩、性行为中的被压迫性和受侵略性，女体艰难地担负起宗族的繁衍、荣辱、盈亏、尊严、纯洁、忠诚等符号学意义，女体成了一种特殊的文化隐喻，人们在其身上灌注了超重的价值想象和历史记忆：政治的、伦理的、民俗的、宗族的，甚至经济学的……于是就产生了一种奇怪现象：古老的民俗特点似乎总能在妇女身上得以顽强的保留和延伸。乃至在现代社会学和旅游业中，妇女无形中竟成了最大的文化看点之一。

于女人而言，这些超常重视带来的往往是"不堪承受之重"，平常的日子里，意味着身心禁锢，而特殊时期则意味着灾难。尤其当宗教火拼和异族战事发生时，女性身体更是首当其冲，沦为双方的战场和争夺的战利品——因为自己的重视，也势必会引起对方的重视。"当两阵敌对冲突时，争相糟蹋和强奸对方的女人，成为征服、凌辱对方（男人）社群的主要象征和关于社群的想象"（布塔利亚），这在近年的波黑战争和科索沃动乱中都表现得极为充分。

所以，战乱中的女人最不幸。文明与历史的牺牲，很大程度上沉淀为女性的牺牲。动乱最大的代价，最凶猛、最决绝和最阴暗的部分，往往以落实到女性身上为终结。胜利往往只是男人的胜利，而不会给女人带来多大轻松。日本侵略战争过了那么多年，但"慰安妇"问题直到今天，仍是笼罩着受害国的一块浓得化不开的阴霾：毁损的国土、被掠的资源、阵亡的生命，皆可不要赔偿，但被侮辱的女性身体，却必须讨一个说法……或许在我们眼里，战争最大的毁坏，即对女性身体的占领；最难愈合的创伤，即女性体内的隐痛。

这种对女体过度的利益想象和价值负荷，即使在理性文明发达的西欧，也很难例外。二战后，在法国或意大利，人们竟自发组织起来，对那些与纳粹军人或德国侨民通婚的女子施以惩罚，将之剃光头，令其抱着"孽子"上街游行，随意羞辱甚至杀戮……即使对德军俘虏，也没这般态度。可假如"占领"异国女子的事发生在男人身上，男人们非但不受谴责，反会被捧为英雄……为什么？难道是女性在生理构造上的隐秘性和凹陷性，较之男性肉体，更易使人产生"不洁"的联想？

　　不管怎样，我对所谓"女性解放"时代的到来并不乐观。只要对男女肉体的审视态度仍存在双重标准，只要不能平等地看待男女"失身"，只要继续对女性肉体附加超常的非生理意义和"领土"属性——"洁癖"就会继续充当女性最大的杀手。

　　　　　　　　　　　　　　　　　　　　　　　 ┼ 2002 年

15

语言可以杀人

—— 兼读海因里希·伯尔《伯尔文论》之一

> 今天挂着"最高限速60公里"标记的那棵树，就是我兄弟的殉难处。

> —— 伯尔

人类在回顾 20 世纪自身遭遇的时候，最惨痛的莫过于战争和恶性政治了。它硬硬地从我们身边掳走了数亿条鲜活的生命：为什么当某个早晨醒来，突然发觉没有了父母、姐妹或兄弟的体温……

那空荡的床铺的寒冷，那噼啪的骨柴的焚烧，那可怖的空位和记忆断裂之声——数十年后，它依然那么清晰。"就在这里——就在这个站台上，一个年轻的国家常以她应有的庄严姿态为外国贵宾举行盛大欢迎式，我也经常从这个站台用返程票回家去——而他，我的兄弟就是从这儿被运往集中营的"（伯尔）。更由于那些陆续降生的孩子，在成长中的某一天，他们会迷惑地睁大眼睛：为什么我没有祖父、祖母或叔伯……是啊，那些该有的家庭成员哪里去啦？

在华沙、在奥斯威辛、在柏林、在布拉格、在华盛顿、在莫斯科、在中国南京的江边……每一个走进"某某墓地"或"某某屠杀纪念馆"的人，都会被那些亡灵的阴森压迫得挺不起胸来。他们究竟是怎么消失的？那些年轻的瞳孔是怎么含着惊骇、眷恋和绝望被骤然放扩的？按谁的命令被执行？

谁回答了这些问题？

它必须被回答。即使要等到下世纪的语言。

其实，除了枪弹、刀刺、爆炸、毒气室、焚烧炉、刑具、绞架……这些工具杀人的事实外，还有一种非物质的，从而具有更大规模和威力的情状：语言可以杀人！有时甚至就干脆表现为那几个常在耳边说三道四的词：比如"祖国"、"自由"、"保卫"、"人民幸福"、"民族利益"……（谁有能力和胆魄怀疑这些硕大的词呢？）有了这些天生就高尚和巍峨的盾牌，杀人放火的事就不必躲进黑夜，尽可当着阳光的面来干，亦不必惶恐和难为情了。

我们从不怀疑，语言是和文明在一起的，有了它，人类始祖才得以直起身，但善良者一度以为，它仅仅是帮我们表白爱情或讨论真理，而决不会被用以杀人——俨然雅典人曾深信自己的法庭只是为了维护道义。可悲的是，这个法庭所干的最有名的事竟是处死了自己的赤子，这个人即使活到今天也是最伟大的，伟大的苏格拉底。他冠绝天下的口才像一尾可怜的甲虫在五百张嘴（"五百人陪审团"）织就的蛛网前败下阵来。他只是"一个"，而对方却有那么多，那么多的舌头和唾液。罪名被指控得像广场那么大：毒化青年与危害社会。

在我们这个世界，语言是个多么具有两面性的东西。话一出口或刚刚落笔，便会摇身一变，给说出或写下它的人带来难当的重责……它负载着沉重的历史遗产……每个词的后面都有一个世界。每个和语言打交道的人，无论写一篇报道，还是一首诗，都应知道，自己是在驱动一个又一个世界，释放一种具有双重性的东西：一些人为之欣慰，另一些人却受到致命的伤害。（伯尔）

蒙田说：强劲的想象产生事实。

换个说法：强劲的语言锻造事实。20 世纪涌现过几代骗子演说家，他们不是语言大师，却具备撒旦的魔法，在对语言进行窥视并使其"神奇地腐烂和发光"方面，堪称另类天才。比如希特勒与他的宣传部长戈培尔、斯大林及其簧舌日丹诺夫……他们在蛊惑、谩骂、诋毁、教唆、表忠、指誓、构陷、编织谎言、煽动仇恨、指鹿为马方面显示的"才华"真是令人难忘。在纪录片《噩梦年代》中，当看到鲁道夫那因咆哮、兴奋和歇斯底里而膨胀痉挛的脸时，当看到"元首"臂下那排山倒海、激情难抑的游行阅兵之盛大场景（有人称为"癫狂的人肉欢宴"）时，不知你会对语言的魔力作何想？你会不会突然对"人民"、"领袖"、"伟大"、"紧跟"这些巍峨之语感到晕眩、惶悚？你能说那飓浪托举着的——仅仅是"极少数"而非广大的德意志民众吗？

伯尔认为，战争中最大的敌人并非盟军而是日耳曼人自己。在《语言作为自由的堡垒》中，他谈到纯洁的语言一旦遭恶性政治玷污所致的后果："'出言可以杀人'这句话，早已由虚拟变成了现实：语言确实可以杀人！而杀人与否，关键在于良心，在于人们是否把语言引导到可以杀人的地步……"在德国，它被用来预谋战争、煽动战争，并最终引爆了战争。

> 语言一旦被丧尽良心的煽动者、权术十足的人和机会主义者
> 所利用，便可置千百万人于死地。舆论机器可以像机枪喷射子弹
> 一样喷射语言，每分钟高达四百、六百、八百之数。任何一类公
> 民都可能因语言而遭毁灭。我只需提一个词：犹太人。到了明天，
> 就可能是另外一些词：无神论者，基督徒或共产党人，持不同政
> 见者……在我们的政治语汇中，有些词如同施了魔法，咒语般附
> 在我们的孩子身上。（伯尔）

在德国，实施高分贝轰炸的正是这样一群呼啸的词句：生存空
间——罪恶的犹太——争取日耳曼人的全球胜利——该对法国做一次
总清算了……

语言足以把卑污之身装饰成一棵闪闪发光的圣诞树：刺刀被打制
成勋章；血衫被裁成绶带；残暴被说成"快乐的英勇"；当炮灰被称
作"祖国的需要"……先是杀人，后是被杀——这被誉为"幸福的献
身"。"旗帜下的愚蠢激情，礼炮持续不断的轰鸣，悼念队伍淡而无味
的英雄主义"（伯尔）。在交响乐、进行曲和夹道欢呼声中，几百万日
耳曼青年被蒙上褐色制服——那一刹，多少心灵披覆上了肮脏的尸布，
多少青春和热忱就这样廉价地典当给了"第三帝国"。正像伯尔描述
的那样，在德意志，每天都上演着"感人"的情景：一边是慈祥的母
亲把枪放在满脸憧憬的少年肩上："把一切献给元首！"一边是阵亡通
知书像打野食的黑鸦尖啸着踅回："他效忠了！"

这个民族需要什么样的保卫？难道仅剩下广场喇叭声嘶力竭的那
种"生死存亡"和"爱国主义"？难道只有一个叫阿道夫·希特勒的

疯子有权对此阐释？遗憾的是，几近全体的日耳曼人都没有对这权力提出质疑。他们太笃信元首那斩钉截铁、充满真理气质的嗓音了：我们——神圣的日耳曼人——为保卫这神圣——必须不顾一切地……这样一个以全称代词开头的句式，几乎让所有的德国人都享受了一次高潮快感——饿极了的虚荣心得到了精心饲养。尝过此快感就像沾上毒瘾一样可怕，渐渐，他对送鸦片者有了依依不舍的眷恋和感恩，谁予劝阻反被视若死敌。德意志的灾难正是从人民内心的自恋开始，从接受精神贿赂——受宠若惊的那一刻开始的。

据说希特勒曾梦想当艺术家，连其中学老师都赞之音乐和绘画天赋。不幸的是，他爱上了"语言"这一行，从其开始"写作"起，德国的噩梦就上路了。《我的奋斗》——犹如一头癫痫的野兽在抽搐发作中的闷吼和喘息，它浑身燥热，毛孔散发着毒素，渴望着践踏和杀戮……它窜荡到哪里，仇恨就弥漫到哪里，书里面的每一个字都变成螫针，被派出去杀人了。据史家统计："《我的奋斗》：其每一个字，使125人丧生。每一页，使4700人丧生。平均每一章，使120万人丧生……"（诺曼·卡曾斯）

> 最蛊惑人心的和最机灵的政府总是用我们表达人民的意志，来掩饰自己把握人民意志和培养这一意志的企图……使人民相信，政府正引导他们沿着最正确的道路走向幸福。（高尔基《不合时宜的思想》）

德意志正是被有毒的"民族"、"国家"语饵喂瞎了双目。其醒悟和忏悔差不多要等到丧失了一代人之后，那是以一记无声的语言为标志的——五十年后，在华沙，德国总理勃兰特代表自己的民族朝六百万犹太亡灵深深跪了下去……至此，人们似乎才真正意识到，那个不可一世的"第三帝国"彻底入棺了。但那座帝国留下的深重的语言遗产呢，却像废墟上的白色塑污一样，分解得极为缓慢，时至今日，在世界的许多角落，纳粹画像、徽章、军歌、臂符、仪式……不仍充当着某种精神致幻剂吗？这正是伯尔们担忧的。

语言可以杀人，口号可以杀人，演讲可以杀人，这在任何恶性政治流猖的岁月都能找到依据。在 30 年代的苏联，只需稍稍提示一个词："托洛茨基分子"，立马便有人头落地。络绎而至的还有"布哈林集团"、"季诺维也夫——加米涅夫集团"、"图哈切夫斯基集团"……这些见血封喉的毒针究竟射杀了多少无辜？它们是怎么被造出来的？莫非情势真严重到了某种程度而逼现实必须如此发言吗？还是伯尔，他在《法兰克福讲座》中道破天机："一般说来，夺权和保权的词汇，自以为是的词汇，不是形成于对手之身，而是预先在对付敌人的想象中便形成了。"说到底，是政治需要这些词时，它们才开始破茧而出的，剩下的便是机灵的走卒们——教唆更多的民众高举这些砍刀一样的词（犹如暴动前临时发放长矛），到人群中去把"对应物"一一拎出来。

语言的犯罪导致行为的犯罪，这在俄国早就不奇怪了。高尔基记得很清楚，1917 年，"水兵热烈兹尼亚科夫将他的领袖们的讲话换成一个普通群众的憨厚语言。他说：'为了俄国人民的幸福，可以杀死一百万人！'"（高尔基《不合时宜的思想》）一百万！什么样的"幸福"配得上这个数？它的饭量实在惊人！"人民幸福"，竟成了罗马神话里那个需活人献牲的食神——"专吃自己的孩子！"

俄国水兵热烈兹尼亚科夫和千千万万德国人一样——由于丧失了自己的语言，不得不沉溺于别人传授的语言——愈陷愈深并最终给这种日益缺氧的语境所窒息。这类语境从来不宜居住，只适于斗争及一切自杀行为。

他们曾被许诺给一种伟大的生活，可那伟大却无情地欺骗并嘲笑了他们。

—— 1998 年

16

一旦语言被错误地引领

—— 读高尔基《不合时宜的思想》兼致
另一个俄国革命

任何语言本身都不可怕，可怕的是那些手持麦克风、掌握话语霸权、负责诠释一切并对事物粗暴命名的人。"杀人与否，关键在于良心，在于人们是否把语言引导到了可以杀人的地步"（伯尔）。法国大革命时期、纳粹德国、俄罗斯和中国的某些疯狂岁月，语言都曾被挟持到这样一个境地。

20 世纪初的俄国，一旦"贫穷"被高音喇叭注解为"受剥削受虐害受掠夺的结果"（完全不考虑文化、技术、资本、智力、经营），那"富裕"——这个祥和之词，立马孽债累累了，纷至沓来的即深仇大恨和千夫所指。再者，若无产者一夜间被谄奉为"永远光荣的权威"，并被封授"怎么做都不过分"的权力——那，接下来会发生什么呢？有产者的命运又将如何？

高尔基在《不合时宜的思想》中披露："人们起劲地抢劫这些并不富裕的农庄，因为他们牢记这样一条厚颜无耻的说法：'靠正派劳动是建不起大瓦房的。'……于是，人们受到了上面极为英明的鼓励，而政权向城市向全世界提出了所谓社会完美建设的新口号：'全到船头上去！'（据说是伏尔加河上强盗头子对手下的动员令）按现在说法就是：'去抢那些抢来的东西！'"

怪哉，革命群众与劫匪竟操起了同一种逻辑、同一类话语——认定对方是强盗，便发誓要当更大的强盗！

语言招来了行动——早在行动上的暴力之前，语言上的暴力就已发生了。1918 年前后，俄国大批的村落、城市店铺、仓储、私宅（凡被认定窝有"非法财物"之地）都招来了无产者的光顾。而在很多时间和地点，他们大肆洗劫的干脆就是自己的同类——只不过那人比他多个卢布、房顶多篾瓦片或墙上多扇窗户。

"打他们——因为他们比我们好！"多激动人心的猥亵！魔鬼瓶一旦被打开，底层压抑已久的妒火、醋意、阴暗心理和动物本能，如地穴岩浆般全喷射了出来。哄抢、滥捕、纵焚、施虐、株连、围观、幸灾乐祸……"人民委员们像任何一个政府那样毫不犹豫地枪毙、杀死、逮捕与其意见不同的人"，"我们年轻而纯洁的翅膀上溅满了无辜的鲜血"（高尔基）。红色乌托邦—— 一种原本为美好愿望而设计的理想主义图纸，遭到始料不及的涂改，被暴力、私欲、酒瓶、脏话，被"革命激情之梅毒"和"齐咽喉深的鲜血与呕物"给污染了，被一双双贪婪、粗野、狡猾的手撕得粉碎。大量平民、富农、中产阶层、艺术家甚至学校师生，成了革命的祭品。"知识分子应统统抓起来"，因为他们被描绘成了"怠工分子"、"不劳而获分子"、"资产阶级走狗"。"士官生该枪毙",因为在革命的原罪词典里,他们是"资产阶级和地主的儿女"。"良心死了,正义感被引到瓜分物质利益上去了"(高尔基)。后来的变化更令人吃惊——"无产阶级内部竟出现了新的资本家"。将领搬进了宫殿和庄园,享受起了早前贵族才有的特供和专项服务,而手下也有滋有味地把玩起了各种战利品,消灭不平等的初衷竟演绎出了新一轮的不平等。

说到底,所谓革命,不过是新瓶装旧酒和新编历史剧。

在对有产者逮捕和灭绝的同时,持枪者似乎有意无意忽略了:那就是靠勤勉敬业和诚实劳动也能建起"大瓦房"!而这,不也正是新政权和未来改革者提倡的新生活吗?

高尔基不曾忘记,为《星火报》的出版,他多次向自己的富商朋友募捐,"我能叫出十几个可敬的'资产者'的名字,他们都曾真诚地、不无冒险地帮助过革命"。在《克里姆·萨姆金的一生》《尼古拉·施米特的事业》等作品中,高尔基动情地描述过这些富人的慷慨与英勇,他们不仅屡屡资助、收留、掩护革命领袖,出钱购买武器,有的还亲自参加战斗,甚至连遗产都捐给了布尔什维克……高尔基认为:"这些事,列宁和其他老同志都应该非常清楚!"

但在无产阶级铁拳和"毫不徇私的纲领"面前,资产阶级的意外举动和小概率事件,并未赢得同情与欣赏,甚至被解读为阴险投机、另有图谋。

事实证明,若光凭阶级身世论和斗争学说,而放弃其他真相,那革命就会成为永远的目的而非手段,沦为政治的泄欲工具与夺权借口,狂热即会冲垮理性,斗争则显得比任何事务更重要。

革命群众显然不知该怎么做,只是被告知改变命运的机会来了。

其头脑既然空洞，就只好把捡到的东西塞进去，按代言人的解释和吩咐来行动（其生存时时处于"待命"、"听命"、"遵命"、"认命"状态）。可现实抛出了一个令之尴尬的诘问：无产者甘愿永远无产下去吗？该领导阶级如何使用刚到手的权力而不再仅想着报复宿敌或研制新一轮等级？不，没有人肯当可怜的无产者，没有人甘当那种服务社会而少拿俸禄的"主人"（不管这类赤贫的职位被吹嘘得多么光荣）——除非他想成为贵族式的公仆或腰缠万贯的丐帮！高尔基看透了这一点，他忿忿道："如果工人说'我是无产者'时用的是特权阶层说'我是贵族'时那种令人讨厌的腔调，那就应无情地嘲笑这位工人！"

是啊，如果这样，你与你所谓的敌人有何区别？革命前后的现实有何差异？原告和被告之间岂不铺上了红地毯？形形色色的拥抱和位置互换，难道不可疑吗？"当年我们不是抗议过这些做法吗？难道关于卑鄙过去的记忆，关于当年怎样在大街上成千上万射杀我们的记忆，刽子手致人死命时的平静也接种给了我们?"（高尔基）

这是时间重新告诉我们的另一个"1917—1918"。它与政治教科书（如《俄布党史简程》）和社会主义电影（如《列宁在1918》）呈现的历史是多么大相径庭。终于醒悟：革命不是童话或传说中那种万能的"天设地造"、"芝麻开门"的样子，不是在烫金的理论橱窗和红色展厅里欣赏的那种唯美叙事，也并非由真理的必然性、规律性所驱动并牢牢主宰着节奏与进程……事实上，它只有在民间档案里方显本色：偶然、仓促、混乱、盲目、投机、野蛮、动荡不安、无政府因素、令人咋舌的消耗与代价。

或许正因此，权力目标初步实现后，清醒的领袖更应体谅社会损坏成本之巨大，更应怜惜这血迹斑斑的果实，而非狂热地扩大战果。

应尽一切可能、最大限度地减少破坏和暂停牺牲，而非继续沉溺于杀戮快感。那只曾紧攥的搏命斗狠的拳头应尽快松开，释放里面的仇恨与戾气，进而学会友善，与尽可能多的人握手。

鲁迅说："真正的革命并非教人死而是教人活的。"（《上海文艺之一瞥》）

真正的革命应是讲求"生存率"的反抗，应是建立在文化与理性意义上的精神事件，应是针对体制而非针对肉身的革命，更非革文明、革生存、革财富之命。

高尔基大声吁告："亲爱的公民们，你们应把一颗理智的、健全的、天才的头颅安放在国家那宽阔的肩膀上！"

理性、宽容、温和、公允，高尔基倡导的正是这种人类主义的语言。正因为该语言尚不被熟知和普及，所以："公民们，请开始学习并使用它们吧！"

从每天的说话开始。像用双手和餐具一样熟练地用它们。

　　　　　　　　　　　　　　　　　　　　┼　1998 年

17

关于被禁止的

—— 读高尔基《不合时宜的思想》

"凡视思想为危害的地方，首当其冲便是禁书，并对报纸杂志和广播报道实行严格的新闻检查……在两行文字之间，也就是印刷机所留下的那一行狭窄的空白里，人们所聚集的火药，足以炸毁好几个世界。"伯尔在《语言作为自由的庇护所》中说道。

1917 年 5 月 1 日，高尔基创办《新生活报》，并以"不合时宜的想法"为题连载了二十多万字的批评文章，揭露当时俄国革命中的混乱、野蛮、嗜血、掳掠、滥杀无辜等种种不光彩行径："篝火燃着了，但火并不旺，到处弥漫着肮脏、酗酒和残忍的乌烟瘴气。""我们正经历着一场阴暗的情欲的暴风雪，贪婪、仇恨、报复的狂风大张着血口在我们周围肆虐……"此时的高尔基已与先前那只呐喊"让暴风雨来得更猛烈些吧"的"海燕"判然有别。他目睹了很多始料未及的东西，一个理想主义者所不能容忍的东西。这是一场泥沙俱下、拳打脚踢、混合棍棒和复仇的暴风雨。他忠告新生政权应建立在理性和文化的基础上，应制止激进狂暴和一切破坏行为，并向自己的人民输出科学建设的思想和健康心灵的教育。此举触怒了布尔什维克领袖们，1918 年 7 月 16 日，经列宁批示，彼得格勒政权查封了《新生活报》。自此，这批被列宁称为"悲观主义"的文字便神秘消失了，直至 1988 年，才在苏联重见天日。

其实，早在自己的报纸被干掉前，高尔基就对这种粗暴政治表示了憎恶，他认为哪怕与敌斗争，此举也极不光彩，会使人想起"君主制时期政府查封报社那些卑鄙勾当"。允许说话——无论敌友，才是一个进步政府的态度。

1918 年 5 月 10 日至 13 日，出版事务人民委员会关闭了莫斯科与彼得格勒的数家旧报纸，当局声称："苏维埃将同这些报社作斗争，直到它们把自己改造过来并开始提供善意的消息为止。"甚至预言："我们现在还容忍个别资产阶级报刊只因我们还没有完全胜利，当将来宣称'我们彻底胜利了'时，那就连一家资产阶级报纸也不准存在了。"第二天，即 5 月 14 日的《新生活报》上，高尔基遗憾又不无挖苦地说："他们害怕什么？畏惧什么？……他们这些富于地下活动经验的人不会不知道，被禁止的言论会获得某种特殊的说服力。""难道他们对自己的信心已丧失到这种程度？以致公开地放声讲话的做法都使他们害怕……被迫害的思想，即使反动思想，也会获得某种高尚的色彩，激起人们的同情。"

高尔基心急如焚，想给领袖们一点儿智慧，他大声吁告——

　　给言论以自由吧，尽可能多的自由！因为当敌人说出很多话的时候，他们最终是会说出蠢话来的，而这是非常有益的。

　　真可谓用心良苦。是啊，即使是反动的，为何不给它一个充分展示，继而露出破绽和马脚的机会呢？谬论不是不攻自破，真理不是愈辩愈明吗？事实上，被禁止的东西越多、越持久，人们对之窥视、猜测、议论的兴趣及热情越高涨，最终，这种能量会以对权力愤慨的方向爆发出来，因为人们在关注被抑制事物的同时会联想起自身所受的压迫，会感受到某种现实和潜在的威胁，人们倾向于和弱者结成命运共同体。

　　一个聪明的政府应尽可能地显示大度，而这正是与批判者对话并最终消除敌意的良策。相反，暗箱操作和剪除异己，只会招致民众的反感与惊惧。

　　可惜，很多时候，权力者的底气太弱了，除表现得比当年敌人更霸道更气势汹汹，就没什么招数了。为阻止别人说话或突然插上一句，他必须一刻不停、滔滔喋喋地演讲下去……直到听众再也耐不住，嘘声四起，散了场子。

　　那么，为何如此害怕别人的言论而不给自己挣点脸面呢？

　　大致有两种可能：一是自己清楚对方说的是真相，过度担心这真相于己不利，故有失态之举；二是心胸太窄，愚妄尊大，听不得半点不敬，党同伐异，见异诛之，乃骨子里的秉性和一贯的斗争习惯。

　　若是第一种情况，尚可商榷，究竟真相于己利乎害乎？怎样才算"善意的消息"？唯好大喜功、讳疾忌医、掩耳盗铃的做法才合乎"善"吗？听听高尔基吧："如果我们能在敌人得意地指出我们的缺点、错误之前，意识到自己的弊失，那么无论道义上或策略上都要好

得多……不该忘记，敌人在谴责我们时常常是正确的，而真实情况又
会加强敌人的打击。比敌人更早地说出关于自己可悲而又难过的真相，
就意味着对方的进攻将变得毫无力量。"是啊，为何要把披露真相的机
会拱手让人呢？为何不将批评纳入善意范畴呢？高尔基的《新生活
报》功过孰焉？遗憾的是，领袖们非但没把批评者引为知己，反唆使
一帮捉刀在《真理报》上谩骂："在形形色色的革命掘墓人的大合唱
中，又添了一条嗓子，大作家高尔基的嗓子。""高尔基已非革命的海
燕，而是革命的直接叛徒了。"

　　若是第二种情况，则只需无情地嘲笑与诅咒了，正像高尔基的愤
怒："他们像狐狸一样拼命地争夺政权，像狼一样地使用政权，但愿他
们会像狗一样死掉！"此外，它不配更多议论。

　　　　　　　　　　　　　　　　　　　　　　　　　　┼　1998 年

18

保卫语言

—— 世纪之交断想

这是一个被物质和精神累垮了的世纪，一个观点与行为最密集、最吊诡的世纪，一个理想最亢奋也最沮丧、最高尚也最卑鄙的世纪，一个广场和战场、喇叭和子弹使用率最高的世纪，也是一个总在争吵和企图消灭争吵的世纪……

语言累了，因说得太多或言不由衷，它多想休息，多想静下来——停止持久的激动。

然而不可能。

语言是这样一种器皿：既可托举崇高与正义，亦能腌制阴谋与罪恶；既可盛放梦想与道路，亦能藏匿陷阱与坟墓；既能诉说童话与爱情，亦可装饰谎言与勾当；既可诉说伟大与永恒，也可包庇脏秽与堕落。它不仅被用来讲述人的历史，也参与腐渎和篡改人的历史；不仅许诺了种种蓝图和美景，也通过蛊惑、煽动、蒙蔽——做欺世盗名的勾当。

　　　　卑鄙是卑鄙者的通行证，高尚是高尚者的墓志铭。

　　　　正是词语创造了一个我们生活其中的世界。（米奇尼克）

　　语言是人性的替身，语言是精神的脸谱，语言是文明的孩子。

　　20 世纪的人已亲眼目睹：作为一个民族最具文化主权性和基因标识性的语言，一旦它的神圣逻辑和内在结构——遭到政治的侵袭，一旦它的自主性丧失，而被战争狂、野心家、独裁者所操控，其情形即像电脑染上病毒，混乱和恐怖，远非杀伤性武器可比。

　　它会让生活瘫痪，让常识失明，让人性变脸。

　　我们有必要一再被警示：保护好自己的脑仓多么重要！保护好自己的语言系统——检索并拒绝使用被污染的概念和逻辑，多么重要！应以对水、空气、食物的标准和纪律，维护它、修复它，就像保卫我们的命运。

　　一个时代结束，最需清理的即语言垃圾。比如 80 年代以来，我们取消了"打倒"、"牛鬼蛇神"、"封资修"、"反革命"、"投机倒把"、"最高指示"、"大字报"、"无产阶级专政"、"一句顶一万句"、"永远正确"、"阶级斗争"、"凡是……就……"、"资产阶级自由化"、"毫不利己"……同时诞生了"生产力"、"个体"、"资本"、"民营"、"商品"、"人权"、"公民"、"选举"、"民主"、"市场经济"、"法治社会"、"私有财产"、"言论自由"……

语言环境即生活环境，语言体征即社会体征，语言得失即精神得失，语言遭遇即人的遭遇。所以海德格尔说，语言是存在的寓所。

时代的变革和主题最先凸显在语言上，一个拥护时代的人必须从拥护时代的语言开始。同样，一个真正的爱国者，也必须从维护母语的纯洁、健康、自由和尊严开始，正如都德在《最后一课》中叮嘱孩子的。

语言历程折射着一个民族的骄傲与屈辱、光荣与劫难、成就与过失。但污染过的语言，像塑料和电子垃圾，其分解往往极慢。时至今日，仍有多少生病的逻辑、句式、语态，让我们朗朗上口而浑然不觉呢？

海因里希·伯尔说得好："最重要的是，在一个适于居住的国家里，追求一种适于居住的语言。"

　　　　　　　　　　　　　　　　　　　十　1998 年

19

"你有权保持沉默"

看美国电影，每逢警察对嫌疑人宣布拘捕时，皆可听到这样的段子："你有权保持沉默，否则你所说的一切，都可能作为指控你的不利证据。你有权请律师在你受审时到场。如果你请不起律师，法庭将为你指派一位。"

开始以为是蹩脚的台词，唠唠叨叨没完，更瞧不上那些编剧，就不能让警察大叔来句别的？后来，读美国司法，不禁羞愧，方知自己浅薄，冤枉了人家。这段繁琐的格式化语录并非警察的即兴表演，而是"米兰达法则"使然。作为美国司法用语，它早就被日常化、纪律化、制度化了。你不这样说，反会被亮红牌，美国观众也会觉得你违背常识。

"有权保持沉默"，乃美国宪法第五修正案早就明确的。为保护嫌疑人权利，该案规定：任何审讯都不得要求嫌疑人自证其罪。但上述警察语录的诞生，却是1963年之后的事。

1963年，22岁的无业青年恩纳斯托·米兰达，因涉嫌强奸和绑架妇女在亚利桑那州被捕。审讯前，警官没告诉他有权保持沉默、有权不自证其罪等常识，米兰达文化程度低，也没听说过"宪法第五修正案"这玩艺儿。两小时审讯后，他老老实实地在供词上签字画押。开庭时，控方向陪审团出示了米兰达的供词，但律师认为，根据宪法第五修正案，此供认是在缺少必要提示的前提下发生的，故应视为无效，不足以成为庭审依据。最后，陪审团认定米兰达有罪，判刑二十年。米兰达和律师不服，一直上诉至美国最高法院。1966年，终审裁决出来了：地方法院审判无效！因为在审讯前，嫌疑人未被告知应享有的宪法权利，即沉默的权利。同时，最高法院重申了嫌疑人应被告知的详细内容：一、你有沉默的权利；二、你的供词将可能被用来起诉你；三、你有权请律师；四、如果请不起，法庭将免费为你请一位。

著名的"米兰达法则"由此诞生。随之而来的，即那段不厌其烦、咬文嚼字的语录了。米兰达案的后来我不得而知，或许他真的有罪，那就有赖警方另取证据了。"米兰达法则"的出台，自然给警方带来诸多不便，甚至影响到办案效率，但它充分体现了宪政的内涵和逻辑，尤其在"目标正义"面前——恪守"程序正义"的意义。遵循宪法、保护人权不是抽象的空谈，若不依法维护嫌疑人的权利，那保障正常人的权利即沦为妄想，因为每个人在特殊情况下都有被诬陷和冤枉之可能。

《读书》曾刊登过陈伟先生的一篇文章，在谈及美国巩固嫌疑人权利的社会心理和文化背景时，他说："在美国历史和文化的深处，深藏着对官府的极度不信任以及对警察和法官滥用权力的极度恐惧。"而宪法修正案的核心内容，"即以公民权利来限制和制衡政府的权力"。众所周知，美国司法史上有过一桩著名案例：辛普森案。由于警方取证时在技术细节上违规，尽管嫌疑人犯罪可能性极大，但法庭还是判其无罪。虽然很多人眼中的"实体正义"落空了，一个杀人犯很可能就此漏网，但它却是不折不扣的司法意义的胜利。通过对程序正义的捍卫，它最大限度地维护了法的尊严——进而从这个意义上，保护了全体公民的自由和安全。对此，作者感慨道："律师钻法律空子的现象并不可怕，因为其前提是承认法律，是在司法程序的框架中挑战法律。真正可怕的是有法不依、知法犯法、以权代法和无法无天。法律法规的漏洞可通过正常的发展予以修补，而有法不依、知法犯法的口子一开，想堵都难以堵上，最终会冲垮民主法制的大坝……美国大法官霍尔姆斯有句名言：'罪犯逃脱与官府的非法行为相比，罪孽要小得多。'民主法制和保障人权也不是人类通向人间天堂的康庄大道，它只是防止人类社会跌入专制腐败这种人间地狱的防护大坝。"

回想最初对警察语录的误解，颇给人醒策。

在我们的经验中，常飘荡着一些义愤填膺的声音："对害群之马谈何道理！""以牙还牙，以暴制暴，以恶惩恶！""朝死里整，看他下次还敢！"可以说，这类话已比比皆是、深入人心（甚至大快人心）了。而"目标大于手段"、"实体正义高于程序正义"的本能逻辑和"痛打落水狗"的文化冲动，在现实的司法行为中已浸淫很深，诸如逼供、诱供、违规和非法取证等。曾有媒体报道，多年前一青年涉案被捕，法庭将"测谎仪"的结果作为"有力证据"判其有罪，直到前不久真正的罪犯意外落网，才知"测谎仪"说了谎。虽然我们的司法程序中，找不到像美国语录那样的格式话语，但关于嫌疑人权利的原始定义还是有的，只是我们的执法者——包括百姓在内的公共文化，对

"程序正义"的理解远不到位，对"有罪推论"的逻辑太过依赖。

或许，我们现在和将来的司法定义，都未必和"米兰达法则"重叠，但普及同质的司法理念和执法信仰，则完全必要，迫在眉睫。作为一个警察或法官，不管打击犯罪的欲望多么迫切，同情受害者的心理何等强烈，若不能忠实地保护嫌疑人的权利，就背离了正义立场和法律本位。打击犯罪，首先要保证工具的正确和清洁。

当年国共相争时，流行一个口号："宁肯错杀一千，不可漏网一个!"其实，这种不惜成本和歇斯底里的狂暴，除却恶性政治因素，也公然体现了封建传统中蔑视个体的文化遗传和习惯株连的统治基因，算有深厚的受众基础了。所以，在彼此圈子里贯彻起来，便顺顺当当，畅通无阻。

┼ 2002 年

20

英雄的最后

普罗米修斯把光亮偷出来送了人，所以被锁在高加索最寒冷的岩石上，让兀鹫吃他不断长大的肝脏。

后来呢，后来怎样了呢？

卡夫卡暗示过一种可能——

人们对这种变得枯燥无味的事感到厌倦，神变得不耐烦，兀鹫也不耐烦，伤口也渐渐愈合了。

再后来呢？

再后来就只剩下一种事实：老普被本就不喜欢悲剧的世人给忘了。大伙改了口味，不愿再严肃地思考或抚摸什么苦难，太累、太抽象。一代代新人恋上了感官，迷上了娱乐和调侃——这该叫甜心哲学或享乐主义罢。老普不再像英雄那样被传颂，他的事很少被提及，人们偶尔在极冷僻的书中遇见，也权当一件古董、一桩小幽默，甚至有瞎编和危言耸听之嫌……

总之，一切都远去了，一切又都回来了。

那些曾被视为荒谬的、隐患的、斗争中被打碎的——又被时间捡回来了，被重新整合，组成新的权威和秩序。而那些发生过的，看上去好像从未发生。或者说，白发生了。

在这个彻底松弛的时代，老普成了一堆破烂。孩子们贪婪地享受火带来的美食，却只会感激火柴盒。

兀鹫呢？有人关心起下岗人员来。

可以肯定，它不会再做高加索狱卒了。伙食单调不说，陪这个冥顽不化的活死人太没劲，做个业余"普学家"也没意思。下海得了，凭一身武艺何愁谋不到肥差，比如给富豪看家护院做个保镖啥的，趁机也可以会会别的兀鹫，长长见识谈谈恋爱……

兀鹫的前途可谓光明得很。

最后，最后的结局是——

由于兀鹫失踪，老普连续数月得不到惩罚，而新肝脏仍本色不变，源源不断地生长，愈积愈多，渐渐超过了体重……

终于，一个阳光明媚的清晨，高加索附近的农民发现，可怜的老普竟活活给硕大如山的肝脏——累死了。

这是神做梦也没有想到的。

有史以来最大的悲剧诞生了，比西西弗斯神话惨烈得多。

1996 年

21

影子的道路

　　"就在这样一个时刻，行人稀疏的街道，出现了一个奇怪的影子。他头上举着一支小火炬，在每盏路灯下停一下，引燃灯油，随即又像影子一样消失。"读普鲁斯的《影子》，我总久久陷入一股哽咽的圣徒情绪中。他用缓慢的牺牲的语调讲述了一则寓言，关于"国家街道"和一个迅速生活过的"点灯人"的故事。

　　那背景是巨幅的，无声、苍凉，岁月的沙丘向远处移动……天穹像旧时代的海盗旗，有着猩红的暮色和盐的咸味——这类幕景适于排演中世纪的宗教剧，而普鲁斯却把它献给了自己的 19 世纪。

　　月晕，像猪尾巴弯向大地。模糊的地平线上，立着几棵獠牙树、仙人掌和向日葵，它们是罪恶、绝望、富庶、幻想——飞沙走石与欣欣向荣的象征。

之后，一个国家的王城开始浮现。

迤逶的街道，看上去像被遗弃的盲肠，空洞又愚蠢。正值饭后时分，散步者突然冒了出来，情侣、乞丐、马车夫、公务员、女眷、密探模样的人……稀稀拉拉，像烂土豆分泌的芽粒。但很快你就发现，他们身体里盛的不是"散步"，而是焦虑、迷乱、狂躁、恍惚、恐惧之类的玩意儿。

有路灯，但全无亮色。原来这也是假的，那路灯只不过是一些柱子，冰凉的摆设，"光荣"和"盛世"的假象。正如那些散步者，他们只把"散步"像假肢一样绑在腿上，胡乱地抖动而已——以显示日子的悠闲、美好和太平。

这个国家需要阴霾和沉睡。需要路灯，但不需要灯光。

光，会让人不甘于沉眠。

月亮遁入了云层，他们开始急急地逃回家。抵紧房门、挡板，将窗户裹严，窸窸窣窣，像鼠类那样过一丁点可怜的私生活。

这时候——

一个神秘的影子闪了出来。一个幽灵。一个随时处于危险中的叛使。他要做的是对夜晚威胁最大的事：把路灯点燃！

点灯。为此降临、生活和死去。临行前，他向神请求火种，回答是：没有可拿在手上的东西，火种就在一个人的体内，必要时，请把你的肋骨拆下，用它去引着灯油……

于是他赤条条来了，寻找可以刺杀的暗夜。但没有被赋予任何多余的东西，没有铁器和用以搏斗的实物，除了随身的少量肋骨。

如果不能永远生活，那就迅速地生活。

这个黑暗的敌人，这个为播光而必须减寿的孤独者。在市民集体入梦之时，在空荡的国家街巷中，在积雪和落叶的路面上，踽踽而行……无人知晓他是谁，他的来历和任务。

那些紧闭的窗户，那些冷不丁瞅见他的人，只把他当成流浪的瞎子、不惧寒冷的乞丐。

就这样夜复一夜，肋骨一寸寸减少。

终于有一天，在往常那个时刻，激动人心的影子迟迟没露面，街道仍是死寂和阒黑……

究竟发生了什么？

普鲁斯决心去找他，弄清他的住址和生活，并致以敬意和答谢。因为他确信，这不仅是个影子，还应是个具体的名字，一个和大伙一样的人。

终于，普鲁斯找到了，实际上并没找到。

因为，那人死了。

他已被下葬到一群不知名的穷人中间去了。

"昨天才下葬的。"房东正色道。

"点灯人？谁知道他埋在了哪儿？昨天就埋了 30 个死人。"掘墓人不耐烦地说。

"不过，他是埋在最穷的人那个区域。"泪流满面的普鲁斯提醒他。

"这样的穷人昨天就埋了 25 个。"掘墓人的语调听起来比墓穴里的铁铲还要冷。

"要知道，他的棺材没上漆。"

"这样的棺材昨天就来了 16 副。"掘墓人头也不抬地继续挖土。

就这样，普鲁斯只知他是个穷人，一个替穷人做事的影子，一群最默默无闻者中的某一个——某个肋骨不全者。

最后，普鲁斯以怀念亲人的语气凄叹——

　　点灯的人也是人生道路上的匆匆过客。活着时无人知晓，工作不被重视，随即便像影子一样消失。

影子怎会有"影子"外的存在呢？他只会把不记名的遗产留在世间。

这类道路从来就是这样。

但我确信，神已收回了他，而另一个影子已悄悄上路。不久，夜里就会再次出现火炬，贫民窟就会再现他的兄弟……

一个一个地走，正如一个一个地来。

影子和我们的区别在于：沙漠里，他愿做一滴水，一滴迅速被瓜分和吃掉的水。而我们只甘为一群沙砾。我们感激、怀念并吃掉它。

沙砾是沙漠表面的主人，实质上的奴隶。

一滴水。默默无闻的先知。

　　　　　　　　　　　　　　　　十　1997 年

22

英雄的完成：踏上回家的路

一个稳定的政治制度，必须具有把政治家还原为常人的能力。

—— 林达《总统是靠不住的》

1

对投身社会理想的领袖来说，胜利后怎么办？这是个远比"娜拉出走"（易卜生《玩偶之家》剧尾）更严峻的精神课题。尤其是 20 世纪，发生了那么多诡谲的政治运动和制度裂变——在那么多"神奇"与"腐朽"相互渗透、轮番转换的情况下，该设问更发人深省。

在 20 世纪行将落幕之际，在这份高难度的政治答卷上，有两位非洲老人创造了近乎满分的奇迹。

1999 年 10 月 14 日，前坦桑尼亚总统——有"非洲贤人"之称的尼雷尔去世，终年 77 岁。弥留之际，他对身边的人说："我死了民众会哭的，告诉他们不要过于悲痛。"

果然，噩耗传出，全国风云变色，人们泪雨倾盆。许多女性当场昏厥，正在举行的联合国大会也起立默哀。

朱利叶斯·尼雷尔，1922 年生于坦葛尼克一个酋长家庭，早年留学英国，也是第一批起来反对英殖民主义的土著人。1962 年，坦葛尼克独立，尼雷尔就任总理。两年后，坦葛尼克与桑给巴尔组建坦桑尼亚联合共和国，他当选首任总统。尼雷尔执政期间，社会政治、经济、文化空前发展，成年人识字率达 80%，国民人均寿命延长了十年，百余个部族和睦相处……坦桑尼亚人为自己的国家成就而骄傲，也让东非邻国羡慕不已。

但尼雷尔并非超人，在经济政策上，他有过搞"集体化"的失误，但他没回避责任，更没将错就错，在离职讲话中，他自责道："我失败了，让我们承认这一点。"他表示，假如时光倒流，他肯定会做好。一名《非洲国际》记者说："凡与尼雷尔谈过话，你都觉出他是一个心地坦荡、毫不掩饰的人，一个内心充满正义和理想的人。"

尼雷尔以无私和谦逊著称。其生活俭朴得像个农民，妻子和七个儿女一直过着默默无闻的生活，甚至身份都不为外界所知晓。有一次，首都议会拟拆掉市中心的自由战士纪念碑，代之以总统雕像，尼雷尔获悉后，立即严厉纠正。这一切，较之前扎伊尔总统蒙博托、前乌干达总统阿明、前中非"食人皇帝"博卡萨，简直是霄壤之别。

1985 年 10 月，新一届的总统选举又要开始了，无数群众组织举行集会，吁请总统留任，执政党总书记也强调："国家需要尼雷尔继续领导！"在拥戴的浪潮中，他只需轻轻点一下头，或什么也不说，即可稳稳当当地做下去。

但尼雷尔发出了令崇拜者失望的声音：我不能再干了！他对恳请自己"至少再干五年"的支持者说："国家是永存的，但领导人必须有上有下……坦桑尼亚需要新的领导人去解决新的问题。"

1985 年 11 月 17 日，63 岁的尼雷尔乘敞篷车离开首都，准备回家乡养老。成千上万的同胞自发地立于达累斯萨拉姆大街两旁，向老总统洒泪告别。曾有人邀请尼雷尔去医疗条件好的欧洲定居，但遭拒绝："为什么去欧洲？我只去布蒂亚玛村，我从那里来，我还要回到那里。"

他又回到了那个远得连路都不通的山村，住在临时改造的三间土平房里，养牲畜、植玉米、锄草、种菜……俨然一个地地道道的农民。1996 年 8 月，美国《纽约时报》记者麦金利前往该村采访，当他费了好大劲儿打听到老人的住址时，几乎不敢相信自己的眼睛：一位老人头戴帆布帽、脚穿胶鞋，正在房后用镰刀修理刺藤，这正是尼雷尔！进了屋，记者更是被室内陈设所震惊：除了几把当地人的木椅、一张简陋的沙发，可谓家徒四壁……

2

数年后，同样的情形又一次发生在非洲，世纪末的南非——

1999 年，曼德拉宣布，将向总统一职永远告别，不参加下届竞选。

谁都知道，这顶桂冠是他历经 27 年铁窗生涯后才由民意授予的，只要他不刻意拒绝——它就继续属于他，属于伟大的曼德拉。

但他说：我老了，该回家了。

这句黑皮肤般平实的话，一经出现，即将这个国家带入巨大的心灵寂静中。它感动了非洲，也让地球为之震动。在这个为权力血肉横飞的世纪，若非亲眼目睹，谁会相信主动弃权的事呢？打江山坐江山，谁斗争谁当权——就像"谁投资谁收益"，早就成了历史和国际惯例。试看百年内，自诩"救世主"的终身制家长还少吗？谁不心安理得直到闭了眼才撒手权杖？斯大林一晃30年，齐奥塞斯库25年，昂纳克28年，卡扎菲30年意犹未尽，乌干达的阿明48岁即自封"终身总统"，马科斯王朝20年，苏哈托集团32年……

　　一个国家真需要某个人——如此长久地为民众服务吗？无论他已多么老态龙钟，精神和性格已发生多么大的蜕化与病变？无论他的脑仓已多么锈蚀斑斑和不听使唤？

　　和那些风烛残年的"寡人"相比，曼德拉简直像个长跑归来的运动健将，发如烈火、肌腱结实，仿佛一尊非洲雄狮。但他坚持让人相信，我老了。

　　6月，南非首都比勒陀利亚，举行了"欢迎姆贝基，送别曼德拉"的音乐会，成千上万国民手托烛光、热泪盈眶，唱起了《曼德拉之歌》……通过电视直播，这幅"心灵汪洋"的场面传遍世界，人们为之动容、为之沉思。

　　不仅在南非，乃至全球，曼德拉都是深受爱戴的英雄，他的贡献和精神是世界性的。人们对他的信赖和注视，越过了民族、肤色、宗教之界限。如此大的感召力和榜样魅力，在政治家谱系中凤毛麟角。

　　和尼雷尔相似，曼德拉生于一个酋长家庭，假如说这身份带给他什么实惠的话，那就是读书机会。为了"永不统治和压迫别人"，他放弃酋长继承权。在罗本岛监狱，他说："在那些漫长而孤独的岁月中，我对自己人民获得自由的渴望，变成一种对所有人——白人和黑人都获得自由的渴望。"为了不流血的和平民主，他顶住黑人解放阵线的内部压力，与政敌进行马拉松式的多党谈判。他非但不支持"把白人赶进大海"，反而呼吁黑人"将武器扔到海里去"。他不计前嫌，与以德克勒为首的白人团体共推南非和平进程。天不负人，终于，内战避免，种族制度废除，南非实现了多种族平等大选。这个曾经冲突最激烈的国家，在曼德拉的率领下，并未沿袭"纽伦堡"式的国际审判方式处理宿怨，而是成立了"真相与和解委员会"。

在总统就职仪式上，他特意将当年看守自己的监狱长请到贵宾席就座，面对记者提问，他说："如果我不能坦然面对自己 27 年的监狱生活，将永远活在自己心灵构筑的监狱里。"

可以说，没有曼德拉这位和平主义者，没有这种海纳百川的胸怀和精卫投石的信念，今日南非恐怕仍会像卢旺达、刚果、新几内亚那样，沉浸在哀鸿遍野的硝烟中。毫无疑问，没有曼德拉，就没有新南非——至少不会这么快就有新南非。

然而，就在总统任期刚满一届时，"国父"却执意要将这个正蓬勃向上的新生儿托付给年轻一代了。对于此举，媒体赞道："如果说不屈的精神和博大的胸怀是曼德拉魅力之源的话，那么退位的勇气则给这种魅力新添了迷人的光环。"

当一个领袖处于荣誉巅峰时，他本人却敏锐地意识到：让权力过于集中或长久滞留在某人手中，无论如何都是危险的、不道德的，都是对国家利益和公共权力的损害，都是对民众力量的蔑视和不尊重……这样的想法，基于一种品格，更源于一种成熟的政治理念。

为了向继任者表达敬意和支持，在庆祝晚会上，曼德拉特意比姆贝基提前五分钟到场，他笑着说，自己只是一名普通公民，理应恭候总统。从"酋长"到战士，从战士到囚徒，从囚徒到总统，从总统到平民，曼德拉终于为他的生命角色画完了一个圆，恪尽了对这个国家的义务。

比起五年前的就职，曼德拉的卸任将更深沉地镌刻在世人心中。有时候，一个人离去的背影比其迎面走来的时刻，更显高大。

曼德拉不会走向自己的反面了，不会被胜利后的"金羊毛"俘虏了，也避免了被权力打败的噩梦。

因为，他退休了。

相反，多少政治老人因没及时踏上返乡的路，失掉了保住晚节的最后机会。

——2000 年

23

为生命辩护

—— 加缪《反抗者》阅读札记（节选）

历史上，每次革命都是以实现"绝对自由"、"无限正义"为动员令的，这种夸张性的许诺确实刺激，总能招募到大批渴望成为自身对立面（由"被统治"到"统治"）的民众，而斗争结果也往往由"以多胜寡"——这一算术逻辑给预定了。

问题是，革命究竟实现了什么？绝对自由的乌托邦真符合人类的生存理性吗？

尽管化妆师不断给"奴隶暴动"、"农民造反"涂抹史诗光环与正义脸谱，但透过油彩，仍不难看出：他们几乎无一例外地走向了自己的对立面，从一极走向另一极。为成为对手的那个样子而斗争！为成为贵族而杀死眼前的贵族！

　　斗争的原因自然是出于"恨"。何为"恨"？舍勒认为：人们往往羡慕自己不拥有的东西，正是这种欲望产生了"恨"——在封闭环境中因长期的无能为力而分泌的一种有毒的心理。该判断基本成立，中国的刘邦、项羽"彼可取而代之"之嗟叹，1917 年俄国街头对战利品的掳掠，都印证了这点。

　　加缪在《反抗者》中，对"革命"进行了揭穿——

　　　　理论上，"革命"这个词保留着它天文学的意义，这是一种环形运动，这种运动经过完整的转移由一个政府过渡到另一政府。它的确切含义是："确信会出现新政府！"……普鲁东说："认为政府会是革命的，这说法自相矛盾，因为政府就是政府。"对此，还可再补一句："政府只有在反对其他政府时，它才是革命的。"革命的政府多数情况下必然是好战的政府，革命越发展，战争赌注就越大。1789 年诞生的社会愿为整个欧洲而战，1917 年革命中诞生的社会为统治全世界而战。整体的革命最终要求建立世界帝国。

　　正因看清了"绝对自由"的真相，识破了政治乌托邦的不诚实性，加缪才反对任何形式的整体革命。他认为，从古罗马到现代俄国，"革命"从未贴近过人的自由，因为"革命"以对他者的征服为目标，其途径是暴力，其后果仅仅是权力转移。而在这场转移中，统治双方的诉求与手段同出一辙。

　　　　革命本身、尤其被称为唯物主义的革命，只是一场过分的形而上学的十字军远征而已。大部分的革命在谋杀中成型……奴隶暴动、农民起义、穷人战争均提出了相同的原则：一命换一命……奴隶拒绝受奴役，宣称同奴隶主是平等的，然后再轮到自己当奴隶主。

"王侯将相，宁有种乎？"无疑，"平等"具有天然的神圣性、合法性，但关键是和谁平等、如何平等？平等的终极目标是什么？若和奴隶主平等是为了自己当上奴隶主，那该诉求本身就有问题，就暗含伦理和逻辑的犯罪；若反抗迫害和暴行竟是为了有朝一日对他人施暴——即使对奴隶主和暴君，那只能说明，该奴隶骨子里就窝藏着奴隶主的卑鄙和污垢，他早就是灵魂意义的奴隶主了。

加缪以斯巴达克斯为例："奴隶的军队解放了奴隶，又把过去的奴隶主供给这些奴隶奴役。起义军还把几百个罗马公民组织起来角斗，奴隶们在看台上欣赏，狂欢作乐。然而，杀人只能导致更多的杀人……一个罗马公民被钉在十字架上，克拉苏以处死数千奴隶作回答。六千座十字架矗立在从卡布到罗马的公路上。奴隶主成倍地计算自己鲜血的代价。"

以血腥报复血腥，以残酷惩罚残酷。刘邦项羽们得手后，第一件事就是纵火烧宫殿，就是拿仇人头颅来祭祀。

萨特有过一句著名的话：存在主义是一种人道主义。其实，加缪更彻底地诠释并履行了这一理念："倘若他是一个彻底的反抗者，无论如何也不会要求毁灭存在和他人自由的权力。他所要求的那种自由，他为所有人去争取它；他所拒绝的那种自由，他禁止任何人去取得它。反抗追求的是生命而非死亡。它深刻的逻辑不是破坏的逻辑，而是创造的逻辑。反抗的行动是保持纯正。"（类似的话鲁迅也说过：革命是教人活而非教人死的）

不污辱任何人，不奴役任何生命；既反对少数人剥削多数人，亦反对以多数的名义迫害少数；任何自由都不以剥夺他人自由为前提……这正是加缪赋予"反抗者"最醒目的行为准则、最高的道义律令。正像伏尔泰所言："即使我不同意你的观点，但我坚决捍卫你发表意见的权利！"人类最深刻的"自由"要义恐怕即于此了。据这样的准则，我们可断定，历史上的大部分革命都构不成"反抗"意义，不过是夺取利益的拼命而已。

历史证明，正是那些标榜"无限利益"、许诺"绝对自由"的集团率先建立了意识形态帝国，率先抄起了极权棍棒，搞起了焚书、查报、禁言等反自由运动。

— 2000 年

24

《鼠疫》：保卫生活的故事
——"非典"时期的阅读

我反抗，故我存在。

—— 加缪

一个天性美好的人，一粒灵魂纯正的种子，日日夜夜受困于令人窒息的菌尘中，他将如何选择生命姿态？如何保证人性的正常不被篡改和扭曲？不被周遭强大的恶质所吞没？

逃走是快捷简易的方法，也是一个消极而危险的方法，因为随时都有被瘟神从后面追上并杀死的可能。且"逃走"本身就是可耻的，它意味着存在的缺席，意味着把配属给自己的那份苦难留给了同胞，由此而生的自鄙与罪恶感足以将一个稍有尊严的人杀死。正确的选择是：留下来，抗争，至最后。"挺住意味着一切"（里尔克），唯有挺住，才能保卫人的尊严和生命权利。挺住，既是生存，也是荣誉；既构成方法，亦造就价值和意义。

面对专制恐怖和法西斯瘟疫的肆虐，加缪的立场正是坚守与反抗。

他参加法国的地下抵抗组织和各种人权活动，领导《共和国晚报》《战斗报》，既反对纳粹主义，痛斥政治暴力，又谴责不负责任的虚无论调。他高呼："第一件事是不要绝望，不要听信那些人胡说世界末日！""让我们宣誓在最不高贵的任务中完成最高贵的行动！"不仅如此，他还在自己的小说《鼠疫》中，为主人公——里厄医生及其朋友选择了这一挺立的"人"之姿式和平凡的"高贵行动"。

40 年代的某一天，灾难直扑一个叫"奥兰"的平庸小城。一场格杀毋论的鼠疫訇然爆发。在一名叫"里厄"的医生带领下，人与死神惊心动魄的对峙开始了——

混乱、恐惧、绝望、本能、逃散、待毙、求饶、祷告……人性的复杂与多元，信仰的正与反，灵魂的红与黑、卑鄙与高尚、龌龊与健正、狭私与美德皆敞露无遗：科塔尔的商业投机和受虐狂心理，他为鼠疫的到来欢呼雀跃；以神父巴纳鲁为首的祈祷派，主张逆来顺受，视瘟疫为人类应得的惩罚，最终自己送了命；将对一个人的爱转化为对"人"之爱的新闻记者朗贝尔，为了远方恋人，他曾欲只身逃走，但在与医生告别的最后一刻改变了主意，毅然留在了这座死亡之谷；民间知识分子塔鲁，他对道德良心的苦苦追寻、对人类命运的忧患与同情，使其一开始就投身于战斗，成为医生最亲密的助手和兄弟，他的牺牲是所有死亡中最英勇和壮烈的一幕：

> 无可奈何的泪水模糊了医生的视线。曾几何时，这个躯体使他感到多么亲切，而现在，它却被病魔的长矛刺得千疮百孔，被非人的痛苦折磨得不省人事，被这从天而降的仇恨的妖风吹得扭曲失形……夜晚又降临了，战斗已结束，在这间与世隔绝的房间里，这具已穿上衣服的尸体上笼罩着一种惊人的宁静。他给医生

留下的唯一形象就是两只手紧握着方向盘，驾驶着医生的汽车⋯⋯

然而，这不是普通的汽车，而是一辆冒着烟的、以赴死的决心和照明全速冲向瘟神的战车，你有理由确信：正是这"刺刀"的意志令对方感到了害怕，感到了逃走的必要。

里厄医生，一个率先开始保卫生命、保卫城市、保卫尊严的平凡人，一个有着强烈公共职责和义务感的人道主义者。他不仅医术高超，也是这座城市里对一切事物感觉最正常和最清醒的人。他临危不惧，始终按照自己的信仰和原则来行事——唯有这样的人才真正配做"医生"。坦率地讲，他本人对取得这场战斗的胜利一点也没把握，但其全部力量都在于：他知道一个人必须选择承担，才是有尊严和有价值的（承担有多大，其价值就有多大）！他知道为了生活必须战斗，必须为不死的精神而战——即使在最亲密的战友塔鲁倒下时，他也毫不怀疑和动摇。这信仰是生命的天赐，是地中海的波涛和阳光，是相濡以沫的母亲和深情的妻子用爱教会他的。他不膜拜上帝，相信天地间唯一的救赎就是自救！正是这峰峦般高耸的理念支撑着奥兰摇摇欲坠的天幕，并最终挽救了它。

良知、责任、理性、果决、正常的感觉、尊严意识——正是这些优美的元素雕塑了一群叫"里厄"的头颅。正是医生、职员、小记者这些默默无闻的小人物（而不是什么市长、议员、警察等国家机器人）——以自己结实的生命分量，以情义丰饶的血肉之躯筑就了奥兰的精神城墙。

故事最后，是里厄收到妻子去世电报的情景（而全书开头，是丈夫送病重的她去火车站）。读它的那一刻，一股冰冷的潮湿贯通我的脊椎，我仿佛看到医生那苍白瘦削的微笑——这凄疲的笑容几乎每天都写在那张脸上。

> 母亲几乎是奔着给他送来一份电报……当她回到屋内时，儿子手中已拿着一份打开的纸。她看了他一眼，而他却固执地凝视着窗外正在港口上演的灿烂的早晨。
>
> 老太太叫了一声："贝尔纳。"（医生名字）
>
> 医生心不在焉地看了看她。老太太问："电报上说什么？"
>
> 医生承认："就是那件事……八天前。"
>
> 老太太把头转向窗户。医生沉默无言。接着他劝母亲不要哭。

内心里，我低低地向那个沉默的男人致敬。加缪说过："男人的气概并不在于言词，而体现于沉默中。"里厄，正是加缪心目中的男人。山峰般的男人。

在阅读这部保卫生命的故事过程中，我脑子里不时矗立起两座纪念碑式的声音，仿佛从遥远的神祇山顶上飘来——

> 人可以被毁灭，但不能被打败！（海明威）

> 我拒绝人类的末日。因为人类有尊严！（福克纳）

它们仿佛在为里厄的战斗作着画外音式的现场解说。一刻不停地诠释着、声援着、鼓励着、温暖着……我深深明白，这是女娲补天、夸父追日般飞翔的声音，是普罗米修斯的燃烧和西西弗斯推动滚石的声音。正是这声音，捍卫着人类最后的一线生机、希望与荣誉。

灾难本应成为人类最好的课本。不幸的是，大劫之后，人们往往只顾得庆幸，只忙着庆功，只盼着伤疤早日完消，却将皮开肉绽的痛给忘净了。这也是让里厄忧心忡忡的那种情景——

> 他们如醉如痴，忘了身边还有世界存在，忘了那些从同一列火车上下来而没有找到亲人的人……

黄昏的街头，幸存者尽情狂欢——

> 钟声、礼炮、音乐和震耳欲聋的叫喊……当然，亦有一些看起来确实神色安详的漫步者。实际上，他们中的大部分人是在自己曾受苦的地方进行着一种微妙的朝圣。他们不顾明显的事实，不慌不忙地否认我们曾在这样的荒谬世界中生活过，否认我们经历过这种明确无误的野蛮，否认我们闻到过这种使所有活人都目瞪口呆的死人气味，最后，他们也否认我们都曾经被瘟神吓得魂飞魄散。

这与鲁迅所说的"久受压制的人们，被压制时只能忍苦，幸而解放了便只知道作乐"有何二致？

其实，关于"鼠疫"是否真的已经消逝，小说在尾声已作了预言——

> 里厄倾听着城中震天的欢呼，心里却在沉思：威胁欢乐的东西始终存在……鼠疫杆菌永远不死不灭，它能沉睡在房间、地窖、皮箱、手帕和废纸堆中耐心地潜伏，也许有朝一日，瘟神会再次

发动它的鼠群，选择某一座幸福的城市作为葬身之地。

正是从这一意义上，我们认定加缪和他的作品不会过时。只要世上还有荒谬，还有现实或潜在的"鼠疫"威胁，我们就需要加缪和他的精神，他的医学方法，他的里厄和塔鲁们的在场。

2003 年

25

杀人的世界观和方法论
—— 读陀思妥耶夫斯基《罪与罚》

杀人者置疑

1865 年 9 月，作者在给《俄国导报》主编卡特科夫的信中，这样解释创作中的小说《罪与罚》："这是一次犯罪心理学报告。一大学生被校方开除，生活极度贫困，他拿定主意要杀死一个放债的老太婆，抢走她的钱，然后一辈子做好人，坚定履行他对社会的人道义务……但杀人后，一种与人类隔离的感情使其万分痛苦，上帝的真理、人间的法则起了作用，于是他去自首。"

撇开主人公命运不论，小说对人类文明的忧虑、对杀人理论的质疑可谓振聋发聩，尤其经历了 20 世纪之后（它才是杀人如麻的世纪，其杀人理论比以往更完善、更动听，更披覆高贵的圣衣）。

小说借主人公的犯罪动机和自辩，提出了一系列哲学、伦理、法律及历史学命题：（1）杀人是否有罪？（2）杀对社会无益或有害的人是否有罪？（3）人是否有权力为一个远大目标或造福人类的想法而杀人？（4）历史上的"伟人"无不双手沾满鲜血，但同样受到了命运的加冕、后世的膜拜，他们究竟是英雄还是罪人？（5）普通百姓，一旦杀了人，哪怕误杀也要受惩，而"伟人"的大规模杀人不仅现实中不被指控，在历史的诉讼中也总轻易被豁免，为什么？

正像主人公愤愤不平的那样："我真不明白，为什么用枪杀、用炮轰，正儿八经地摆开阵势，却是令人肃然起敬的杀人方式？"

这种激烈而愤怒的口吻，让我想起了一些大人物的语言，比如卢梭《社会契约论》和《论人类不平等的起源和基础》中的语言，扬·斯特拉宾斯基这样评价，那是："一种原告站在法庭上的内心独白，一种控诉性的语言……确信个人无辜，天真无邪，总是与一个不可动摇的信念联系在一起：他人在犯罪！"

应该说，在质疑方面，主人公是敏锐的、优秀的，他列举的"伟人"劣迹基本属实。不幸的是，他在诘问后选择了效仿，倒向了历史上占便宜的一方。

"现在我知道，谁智力强，谁就是统治者。谁胆大包天、蔑视万物，谁就是立法者……权力只给予敢弯腰去取的人。"

一番痛苦的思考后，他的结论是：要敢于做大人物才会想才敢做的事！只要摆脱了谋私的嫌疑，进入"大事业"的行列，犯罪也就不再是犯罪。

十足的杀人底气

正像主人公惊异的发现那样，这世上确有"平凡"和"特殊"两类犯罪情状——大人物的犯罪和小人物的犯罪；历史涵义的犯罪和生计层面的犯罪；波澜壮阔的集体犯罪和狗苟蝇营的个人犯罪——心理基础不同，自我感受不同，社会评价不同，遭遇和后果也大相径庭。

小人物的犯罪心理比较简单，也相对脆弱，往往有一种生存失败的无力感，多为挣扎类人群，带有理想受挫后——对社会阴暗面不正常反弹的痕迹：自感已被世界遗弃，也就不打算承担守法责任；自觉从未得到过社会道义的援助，也就有理由否定其存在。但同时，犯罪人毕竟清楚行为的性质，虽然预支了犯罪理由，但犯罪感的阴霾始终萦绕，他是焦虑、虚怯和惊惶的，且无信仰支撑，所以一触即溃，轻易认输。

大人物的犯罪情状就不同了。请看下面——

请不要被世上即要开始的喧嚣所迷惑！谎言总有一天不攻自破，真理将再次战胜荒谬，我们会清清白白地——像过去所信仰和努力的一样——立于世界之林。亲爱的孩子，我交给你今后道路上的座右铭——也是生活对我的教诲，这就是：时时忠诚！忠于自己！忠于人民！忠于祖国！

谁会相信这段慷慨陈词竟出自纳粹党魁之口？乍一看，它与"林觉民遗书"、"伏契克遗书"、"茨威格遗书"有何二致？那气魄、定力和视死如归的豪迈皆那么相似。然而，这的确是戈培尔夫妇服毒前写给长子的诀别信。

　　这种荒谬的自信和狂妄源于何处？唯有的解释是：信仰。一个超级精神罪犯的信仰。该信仰力量之强、之顽固，毁灭性之大，乃至人类付出了上亿条生命和几十年废墟。显然，在这位纳粹信徒眼里，法西斯战斧乃天地间最正义的砥柱、最伟大的旗帜。

　　主人公虽是小人物，但沉溺的心理角色却是拿破仑。其犯罪的深层原因尚不在于生计和私利，更多是为信仰所驱，属一种理性犯罪，不仅卸掉了道德包袱，反有主持正义、替天行道之豪迈："我想成为拿破仑，所以才杀人……杀掉一个害人虫，杀掉一个本就死有余辜的老太婆算什么？"他确信已识透了世间弊病和社会游戏，且不甘成为堕落时代的殉葬品。他要主动出击，反抗宿命。

　　主人公的底气还源于一股"自崇高"的拯世情怀。小说亦有交代：他嫉恶如仇，有过不少扶危济弱之举，比如同学病故后赡养其父，比如从失火的房子里奋力救出孩子，比如为死于马蹄下的路人办丧事……小说有一情景，他突然跪地吻妓女索尼娅的脚："我不是向你跪拜，我是向人类的一切痛苦跪拜……"

　　这是一个有着双重性格的青年：既有底层的苦难体验和悲悯之心，又暗含强烈的权力戾气和支配欲望。正是这双重性，保障了其杀人底气的充沛："恶"得到了"善"的夜色掩护。比如，他对自己杀人时的慌乱不满，并这样自慰："我不过杀了一个虱子，一个讨厌的、有害的虱子……我不是出于个人欲望，而是为了一个崇高目的。我从所有虱子中挑出最不中用的一个，杀死了它，取走我执行第一步骤所需的钱，不多拿也不少拿，剩下的按死者遗嘱捐给修道院。"

　　正应了那句话：高尚是高尚者的墓志铭，卑鄙是卑鄙者的通行证。

　　杀人者的底气就是这样来的。

恐怖的"美德"

人是否有权为一个远大目标或"造福人类"而杀人？

稍稍浏览一下那些"伟人"传记便发现，他们的青年时代，和小说主人公有着多么相似的使徒气质和拯世心理：同样的愤世嫉俗、磨刀霍霍；同样的拒绝平庸、激烈尖锐；同样的"舍我其谁"和"我不下地狱谁下地狱"；同样的献身于"人类整体"之豪迈……

任一种"主义"，都自以为掌握了绝对真理，破解了人类历史的方程和密码，都自觉为公意代表、良知化身，心理上早就有了道德优越和不容商榷的霸道……于是在行动上，也总试图用自己的原则和尺度占领世界，以自己的标准改造或消灭别的标准。

自以为正确——这就是"主义"的力量。

他们坚韧，也可能残忍；他们不计私利，也蔑视他者利益；他们不惧牺牲，也不吝惜大众的牺牲。像戈培尔，连恨之入骨的人也认定"他不是利己主义者，更非胆小鬼"。他不仅自己陪帝国殉葬，还要求亲属献身，妻子也认为儿女"根本不值得活在继元首和国家社会主义之后的世界上"。

再比如"红色罗宾汉"——切·格瓦拉。他在《人与社会主义在古巴》中写道："和平年代的任务就是要把战场的革命激情灌输到日常生活中去，使整个社会变成一所军营！"他断定"新人"就在游击队员中间，唯有战争才能让人恢复纯洁关系，消除利己本能。"我们的自由随着不断的牺牲而膨胀，这种自由每天的营养物质就是鲜血。"他憎恶一切物质享受，个人生活更是俭朴到极点……最终，他受不了"和平"的折磨，潜入南美丛林打游击去了。"红色罗宾汉"虽已去多年，但其亡魂仍在风靡流浪，前几年袭击日本驻秘鲁使馆劫持人质的阿马鲁游击队，就自称"格瓦拉"信徒。

精神暴力——尤其是政治的"主义"暴力，我们常把它简单地想象成荒诞与虚妄，而忽视了其"令人鼓舞"的诱惑和"真理"式的闪光。比如今天，我们毫不怀疑希特勒的疯狂，但谁还记得他竟不是凭枪杆子——而是踩着老百姓的选票扶梯一步步登基的呢？谁还记得纳粹党竟是"德国社会主义工人党"呢？当年又有几个德国人指控过其荒谬？所以，后世的清醒不等于当代的迷狂，现世所有的明智，都享用了时间的利息。

任何人都无权让别人归属自己的"真理"，理由很简单：人皆有信或不信之自由。遗憾的是，连开创《人权宣言》的法国精英们，也用鲜血对付起了新生的"自由"婴儿。罗伯斯庇尔在杀人演讲中频率最高的三个词是"美德、主权、人民"。其名言是："没有恐怖的美德，是软弱的；没有美德的恐怖，是有害的。"

存不存在恐怖的美德和美德的恐怖？或者说，杀人的正义和正义的杀人？

坦率地说，我们很难消化这样的"复合"概念。恐怖是一种粗野的反生命力量，美德是一种温煦的支持生命的品质。而在所有美德中，崇尚自由应首当其冲，何以设想一种剥夺自由的美德呢？何以设想一种消灭异己的正义呢？

将教旨情结引入政治领域和制度操作，对一切现象和人都提出自己的道德诉求，正是法国雅各宾派杀人无悔的渊薮。若认为自己的意志就是法律，若认为暴力也算得上是美德，那只会出现一种景象：血，无辜者的血！恐怖，循环的恐怖乃至无穷！

小说结尾，在西伯利亚服刑时，主人公在病中做了个梦，梦见一场瘟疫带来的世界末日："染病者自以为绝顶聪明和只有他才坚持真理，认为自己的道德和信仰不可动摇，也是前所未有……一座座城市里，整天警钟长鸣，大家被召集在一起，谁在召集、为何召集，却无人知晓……人们三五成群，啸聚一起商量着什么，并发誓永不分离——但立刻，他们又在做与刚才许诺完全不同的事，互相指责，大打出手。熊熊大火，饿殍遍野，一切人和一切东西都在毁灭……"

与其说这是沉疴之梦，不如说是陀氏留给 20 世纪最伟大和残酷的预言。半个世纪后，这场梦魇毫厘不差地在地球上演了。包括主人公的祖国和它的邻邦。

两种杀人后果

对日常小人物的犯罪，设一张审判桌就成了。

而像一个国家杀死另一国家、一个主义杀死另一主义、一个信仰杀死另一信仰、一个阶级杀死另一阶级、无神论杀死有神论或有神论杀死无神论……这等庞大的历史公案，辨识与审理起来就难得多了。

同样是夺人性命，但操作方式和杀人名义不同、凶手的权能和暴力解说词不同，结果也就不一样了。

先说日常小人物——

现实中不乏这样的例子：当一个人身陷逆境，被某种恶势力（比如地痞流氓、官匪恶霸）逼得走投无路、告发无门时，怎么办？若孤注一掷自行了断，比如将对方杀死，那就成了法律之敌；而忍耐下去，只能沦为恶的牺牲品……若逢革命年代，倒可以像当年"打土豪，分田地"一样以泄恶气，但和平年代则不同了。现实的法律（即使它本质上是清洁的）往往很难及时介入，只能被动地静待、旁观，对恶的惩处往往要等对方充分发育和膨胀——并有了严重的受害者之后，它才生效。

也就是说，即使较好的法律也只具惩罚功能，并不能完整、彻底地担负起维护公正的职责。甚至有时候，它还在某种意义上姑息、纵容了恶细胞的嚣张与扩散……司法办案中常见如此尴尬：明知谁在胡作非为、谁是害群之马，但若没有确凿证据，或其行为外露部分尚构不成严重犯罪，就拿他没辙（甚至恨他们的人，包括警察，潜意识里也盼之做出更出格的事来——以便法律登场）。迪伦马特的小说《法官和他的刽子手》描述的即为这种尴尬，法官最后只得暗设圈套，靠罪犯来消灭罪犯。

至于法律自身的缺陷和执法不公，就更雪上加霜了。一个人，何以保障不受恶的威胁和敲诈？不成为社会阴暗面的牺牲品？莫非只有像主人公所说"不做牺牲品，就做刽子手"？

曾看过一部法国影片《警官的诺言》：一批警界内部的激进派，痛感法律无能，便暗中组织起来，以诛灭方式对贩毒、贪污、黑帮等犯罪集团进行袭击……按他们的话说，这是在为人类清除垃圾，乃终极正义的需要。最后事情败露，他们或自杀，或被同事所逮捕。

每个人都有权捍卫自以为正确的道德理念，都有权对世界公开自己的爱憎和价值判断，而一旦将个人审判的结论付诸暴力实践，对那些对立面执行肉体制裁，则又会受到现有法律的制裁。

伦理和法理的悖论、情感与理性的矛盾、自由和秩序的抵牾、程序正义与终极正义的冲突，也是折磨现代社会的一组精神难题。

和个人惩凶反遭法绳的例子不同，历史上的确有一种几乎不受惩戒的杀人现象：战争杀人或集体方式的革命铲恶。

　　试想，像主人公杀死高利贷老太婆这事，若赶上俄国 1917 年那样的时局，会是怎样的情形呢？还用得着惶惶然吗？岂非镇压资产阶级、消灭投机奸商大功一件？哪场斗争不鼓励"合法"杀人呢？战场上，两个素昧平生、无冤无仇之人，只要军服颜色不一样，即抡起刀片砍向对方脑袋——连眼皮都不眨，这就是战场逻辑和斗争哲学。再比如在德国，若一个日耳曼人对一个犹太人有敌意，正常社会，他并不敢对其有所伤害，但换一个特殊背景，比如 1938 年"帝国水晶之夜"，该日耳曼人即可轻易伤害或杀死他的犹太邻居，完全不负法律责任。

　　纯粹为个人杀人，还是为集体或主义杀人——不仅社会评价不一样，自我评价和心理感受也大不同。

　　为个人杀人，多少会感到恐惧，甚至会产生情感矛盾和道德负罪，而杀人一旦转化为替集体杀人、替政权或国家杀人，情势则完全不同了，不仅道德阴影一扫而光，而且理直气壮，颇有英雄主义的自豪感和成就感。一旦信仰成了行为的盾牌，个人的有限行为便被放扩成集团和民族在场的无限行为，崇高感、神圣感、使命感油然而生，也轻易能和"伟大"、"光荣"、"不朽"联在一起。

　　综观历史上的"革命者"，大多经历了：起初为个人杀人——继而替集体杀人——最后标榜杀人——之履历。比如恺撒、拿破仑……无不在自己的时代和族群中赢得了殊荣。说到底，这皆为胜利带来的利润，"革命"成功了，"杀人"也就成功了。

　　所以，大人物杀人是否有罪，并不在于行为本身，而在于权力大小，权力所匹配的话语权和解释权。关键在于能否将个体杀人——依附和挂靠于某种集体或团队杀人——这一"大"的行为集合和政治笼罩中。

　　此即"历史英雄"和"杀人犯"的区别。我们的主人公显然清楚其中的奥妙和猫腻，但还是不幸成了杀人犯。

不管政治主义者怎么说，我本人的一个观点是：

真正的英雄必须是彻底的人道主义者和生命支持者。是圣雄甘地，是反抗加尔文的卡斯特利奥，是曼德拉和马丁·路德·金，是史怀泽医生和特雷莎修女……而非恺撒、拿破仑之流。

杀与被杀，都是我的恐惧。

— 2000 年

26

等待黑暗，等待光明
—— 关于伊凡·克里玛《我快乐的早晨》及
其他

> 将每个人都驱进纯粹物质生存的单人掩体……被提供了一
> 种自由地选择哪一种型号的洗衣机和电冰箱的自由……生活陷
> 入了一种生物学的蔬菜的水平。

> —— （捷克）瓦茨拉夫·哈维尔

布拉格不快乐

与其称"我快乐的早晨"，不如说它真正的主题
是：布拉格为何不快乐？

1968 年，以苏军为首的华沙条约国部队突然袭击并入侵捷克斯洛
伐克，"布拉格之春"夭折，推行改革的总书记杜布切克下台。尔后，
在苏联坦克的授意下，傀儡政权搜捕改革派和异己分子，推行使一切
"正常化"的措施……于是，逃亡的逃亡，入狱的入狱，缄默的缄默，

"早春"痕迹被打扫得干干净净。

1975 年 4 月，剧作家哈维尔发表致总统胡萨克的公开信，披露"安定"下的政治和道德危机，以及全民族付出的良心代价："现在真正相信官方宣传和尽心支持政府的人比任何时候都少，而虚伪之徒却稳步上升，以至每个公民都不得不口是心非……无望导致冷漠，冷漠导致顺从，顺从导致把一切都变成例行公事。"

在《无权势者的力量》中，哈维尔指出："在这个制度下，生活中渗透了虚伪和谎言，官僚统治的政府叫人民政府，剥夺人的知情权叫政令公开……没有言论自由成了自由的最大表现，闹剧式的选举成了民主的最高形式，扼杀独立思考成了最科学的世界观……因为该政权成了自己谎言的俘虏，所以它必须对一切作伪。它伪造过去，它伪造现在，它伪造将来……"

正像哈姆雷特"活着，还是死去"，被剥夺了自由的布拉格，它的知识分子们也时刻面临"挺住，还是倒下"这一痛苦和矛盾……从遭遇上说，布拉格更像知识分子生存史上的一座"孤岛"，政治和精神铁丝网下的一块"圈地"。

布拉格精神

"布拉格充满了悖谬。"克里玛说。

悖谬并非偶然，是从它的身世中长出来的。

地理上的布拉格，是一粒蝌蚪般的标点，但它捐献的作家和艺术家却不乏世界级人物，其作品所传递的精神也是世界性的（比如卡夫卡的"内心危机"和"人性异化"，昆德拉的"选择"与"悖谬"，哈维尔的"责任"和"公民义务"——无不是 20 世纪最重要的精神命题），这大概因其生长史即有"世界性"吧：近三百年里，这座迷人的城市屡遭侵犯，反复地沦陷和被攻占，而它只有被动地承受与消化。族群、疆界、语言、信仰、政体、习俗——反反复复被君临者扯向四面八方，就像一个人无时不在忍受"车裂"刑罚。挫败感、萧条感、无力感、荒诞感、悲剧感……由此而生。

尤其是20世纪，世界性的政治震荡、标志性的精神事件无一不拂及它：世界大战、奥匈帝国解体、东西阵营对峙、纳粹枪刺和"老大哥"的履带、"早春"政治改革及夭折、民权运动（"七七宪章"）、"天鹅绒革命"……它似乎成了全球政治的晴雨表，既是急先锋又是大后方，既为战士又充当炮灰，既当受害者又做见证人。而大国的每次胜利，配给它的无非是一杯傀儡的冷羹和羞辱……同样，对20世纪或更长远的人类历程来说，它的反抗和依附、觉醒和昏迷、骁勇和病弱、心路徘徊和成长故事——无不具有标本意义和启示性。

布拉格，多舛的家世注定了它的"悖谬"。就像一个早熟的儿童，过多地承受命运的诡谲，使它过早地走向忧郁和复杂，过早地懂得了害怕、保全和伪装……也使它比别的孩子更早地埋下反击命运的种子（比如1968年的"布拉格之春"和1989年的"天鹅绒革命"）。

同俄罗斯民族性格中的自信与矜持相比，捷克人似乎对一切都是低调、谦卑、优柔的。如果说俄罗斯历史以尖锐、凝重的抗争而醒目，那捷克生态则以沉默、抗压的"钝"著称。卑微的身世使之有了一种自嘲习惯和诙谐能力，就像《好兵帅克》中的人物一样。

1994年，伊凡·克里玛出版了《布拉格精神》。其中说——

　　不同于周围国家，布拉格的特色是它从不夸张，市中心你不会发现一幢高层建筑或凯旋门……上世纪末，布拉格人甚至还仿造了一座埃菲尔铁塔，但比原件整整缩小了五倍，看上去就像是"对伟大的一个幽默"。

这种生存，是惯于驮着盾牌的蠕动性生存：缓慢，但有别于畏缩；沉默，却不等于服输。有一种生物，表面上匍匐，底下却牢牢站着；外壳迟钝，内里却灵敏；容易捉到，却难驯服；凸起，又绝非彰显——这就是海龟。仅仅用"忍辱负重"并不能勾勒其生存性情，虽其一生都不会爆出激烈的动作或声响，但依然有着令人敬畏的尊严。布拉格即这样一个有着"龟类"气质的场，那种由长期屈辱史锻造出来的抗压性、防御性，足以令任何一个入侵者感到恐慌——即使你骑在了上面，也不会舒服，总有说不出的寒意和危机感。

它永远不会有恐龙般的侵略步履和磅礴的笼罩感，但却最大程度代表着小人物真实而厚重的生存。

你是怎么熬过来的

如何度过被占领下的日子？

多年后，苏联帝国体系终结，在加拿大一所大学课堂上，有人就当年的"布拉格之春"询问一位捷克流亡者的女儿，局外人想知道，这二十年的光阴大多数捷克人是怎样过的？那位平日里嘻嘻哈哈的女生沉默了一阵，之后突然失声痛哭……

于任何一名捷克人而言，从"布拉格之春"到"天鹅绒革命"，都是一段难以启齿、苦不堪言的岁月。既悲愤屈辱，又暧昧难表；既理直气壮，又隐隐底气不足……

"你们是怎么熬过来的？"若仅仅吐露个人心绪，倒也简单，比如控诉侵略者淫威，称颂你所熟悉的抵抗者，倾诉有家难返的悲怆……而要提到自己的同胞，就是一桩令人窒息的事了：她能解释一个民族二十年的积郁和内伤吗？她能对同胞的整体行为进行居高临下的评价吗？她有权替千百万人说出那不堪承受之轻或之重吗？

集体的事实，从来就是庞杂、混乱、暧昧的。语言的简陋——与历史真相的根叶枝蔓，与灵魂深坑里的嘈杂纷攘——实难匹配：一个积弱经年的民族，一个反复被占领的城市，在上万个日日夜夜里，该怎么做？能怎么做？白天是什么？晚上是什么？心里想着什么？实际做了什么……谁说了算？不仅反对占领，更要反对绝望；除了对付他杀，更要对付自杀；不仅提防出卖与告密，更要提防内心的变节和投降；除了向被捕的身影献上敬意，更要承认凡人的平庸与自私，对默默无闻的生活予以理解和同情……

一个人能对"集体"侃侃而谈吗？真实吗？

任何自炫都显得虚伪，任何镇定都显得做作，任何评价都显得困难而多余。

真实的心一定是喑哑的，或者哭泣。哭泣是令人尊敬的。

至此，亦不难理解——为何昆德拉老用"不能承受之轻"、"为了告别的聚会"这类矛盾重重的题目了。叙述的艰难来自事实的荒诞与正反的折磨。

我为什么不离开祖国

昆德拉的业绩和声誉与流亡是分不开的。相反，另一些"同质"者如哈维尔、克里玛却选择了留守。我无意把他们进行人格高下或精神贡献上的比较，而只想描述生存向度的差别，尤其想说明后者选择的是一条多么光荣的荆棘路——而在世界的很多地方，后一类型总被历史和同胞屡屡忽视。

你是怎么熬过来的？

这既是一道同贫困、饥饿、监视打交道的生存课题，更是一记人格、尊严、履历——面对拷问的精神质疑，因为它还有一层潜台词：那时，你在干什么？正像"文化大革命"结束后，每个知识分子都面临的尴尬：除了受苦，你还干了什么……

是啊，当一架伟大的历史航班终于降落，除了庆贺，它的受益者有责任扪心自问：我究竟以怎样的方式参与了那部历史？在漫长的等待中，自己扮演了何种角色？是加速它到来的助推器，还只是个乞食的寄生虫？是囚徒还是狱吏？抑或既是囚徒又是狱吏？

世上没有免费的午餐，没有自天而降的馅饼，我们不能绕开：一个人是怎么穿越阴霾重重的历史，被新时针邀请到餐桌旁的？

有良心的捷克人不应忘记：直到1989年"天鹅绒革命"，哈维尔一直在坐牢，克里玛一直在失业，而更多默默无闻的人在忍受贫困和监控，他们为每一束声音、每一张标语、每一篇文章、每一个举动……付出结实的代价。当岁月开始向流亡者报以鲜花和掌声时（他们的著作等身有目共睹），我忍不住要提醒：亲爱的布拉格——包括俄罗斯和具有同类遭遇的民族，请不要忽略身边的赤子——此刻就站在你们中间，甚至干脆就是你的同事或邻居。

获得新生的民族似乎更热衷把过剩的敬仰和感激——赠予远隔重洋的流亡英雄们，犹如父母对失散儿女的补偿，总觉欠他们太多……却有意无意忽略着眼皮底下的人——甚至连流亡者都尊敬的人。别忘了，正是他们，和你一样赤脚扎根于母土，以最大的坚忍和牺牲，以坐牢、被控和一天也不得安稳的生活，消耗并瓦解着统治者的底气，吸引着对方最大的害怕和仇视……

如果已备好了一个荣誉仪式的话，我想，在那份被大声念到的名单上，这些人最有资格名列前茅。虽然他们并非为此而去。

伊凡·克里玛，1931 年生于布拉格，10 岁进纳粹集中营。大学毕业后，从事写作与编辑工作，投身政治改革和人权运动。苏军入侵后，他曾到美国密歇根州大学做访问学者，一年后谢绝挽留回国，随即失业。他当过救护员、送信员、勘测员，有二十年光景，其作品完全遭禁。可以说，克里玛与哈维尔、昆德拉一道，构成了捷克的另一种文学史：地下——流亡——文学史。

《我快乐的早晨》有一章叫《星期二早晨—— 一个伤感的故事》，叙述了"我"与早年情人重逢又离别的情形。最后，当女人问"为什么不离开这儿"时，主人公有一段内心答复——

> 我可以重复向她解释：因为这是我的祖国，因为这儿有我的朋友，我需要他们正如他们需要我一样。因为这儿的人和我讲的是同一种语言，因为我愿意继续写下去……对国外那种自由生活，因为我没有参与创造它，所以也不能让我感到满足和幸福……我还可以对她说：我喜欢在布拉格大街的鹅卵石上漫步，那街名让我想起这座城市的古老历史……

"因为我没有参与创造它"——这是最触动我的一句话，也是同类提问最让我信服的回答。

（本文为节选）

2001 年

27

"然而我认识他，这多么好啊"

—— 读爱伦堡《人·岁月·生活》

记住一些词，记住一些人和书的名字……会有助于生活。谨以此文，纪念那些"透过眼前的浓雾而看到了远方"的人。

—— 题记

清晨，在闪着鸟啼的薄雾中散步，当脚底明显地踩着软泥——这大地最鲜嫩的皮肤，她沾着露珠，像受惊的伤口微微发颤——你的心猛然揪紧，你会想起：下面，埋葬着诗人。

说话、欢笑、做梦、哭泣、歌唱、相爱……大地上的一切被赋予了音乐性的元素，一切红蓝闪电般的激情移动，一切高亢而优美的生长，皆和诗的灵魂有关。

只要一想到：我们正梦着他们的梦，主张着他们的主张，忧伤着他们的忧伤……只要一想到：我们正踩在他们曾踩过的地方，在他们尸骨的髓气和光焰之上，在昨天他们用不幸搭起的希望之上……

我就忍不住去俯吻那泥土：你好，寂静的兄弟。

> 1922 年，在特罗顿诺大街我的公寓里，来了个陌生人，他用腼腆而高傲的声音说：我叫杜维姆。当时我还没读过他的诗，但内心立刻感到一阵激动：站在我面前的是个诗人。大家知道，世上写诗的人很多，诗人却极少，同诗人的会晤使你震惊……

> 他爱树木。我记得他的一首诗：他想在树林里认出将来替他做棺材的那棵……我瞧见树木时，心里便想起尤里安·杜维姆的那棵树。他比我小三岁，却已去世多年。然而我认识他，这多么好啊！

这是读《人·岁月·生活》时最先翻开的部分，待全部读完才发现：自己之所以深深接纳并爱上这部黑皮书，正源于它对"死"最温情、最恻隐和周致的"爱抚"，那种巨大的宁静之恸、笃厚的情谊、哀婉的凝注——就像一位修女对弥留者的送终。这是个完全值得托付后事的人！他的真挚慷慨、他的忠诚宽厚……一点不吝惜赞美、一点不羞于对逝者的崇拜……

对于"死"，这不是一个旁观者，他全身心地投入——仿佛水落在了水中。

那悲凉哽咽的文字，那浩瀚凛冽的哀容，若伏尔加冰河下的旋涡，若西伯利亚旷野惨白的月光——唯俄罗斯诗人的心中才能缔结出如此磐重的冰凌。

> 伊·埃·巴别尔——我的朋友，我常像怀念自己的老师那样

想起他。

我以为，一个人对死的态度往往折射出他对生的全部看法，亦是对其人格最大的检验。我受不了那种对逝者表现出的轻淡和不恭，那种冷漠的从容，那种缺乏恸意的解说，还有无意间泄露的庆幸——我觉得这是卑鄙，是情感犯罪和信仰舞弊。这样的人太多了，连一些才华和业绩堪称大师者，在涉及对同辈人的描述时，也不免染上"文人相轻"、"同辈互薄"的恶习。这一点，苦难沥就的俄罗斯人相反，他们像对待圣物一样珍惜、感激命运所赐的那一点点友情磷火，将之纳藏于心、捧捂于胸，在寒酷长夜和流亡驿途中层层包裹、程程递传……

> 马尔基什于 1949 年 1 月 27 日被捕，死于 1952 年 8 月 12 日。我同所有见过他的人一样，怀着近于迷信的柔情回忆他……我很难习惯这样的想法：诗人已被杀害。

诗人皆是被杀害的。他们皆死于一场轰轰烈烈的恋爱——与自己时代之间的恋爱，情书上满是"自由、公正、幸福、爱情"等鲜花般的字眼。他们爱得太纯真，全然不顾后果。阿·茨维塔耶娃说："我爱上了生活中的一切事物，然而是以分别，而不是以相会，以决裂，而不是以结合去爱的。"结果他们全输了，天真输给了阴险，温情输给了粗野，自由输给了牢房……他们被歹徒套上绞绳，蒙上黑布，吊在了祖国蔚蓝的天穹下。

时代躯体上最柔软、最优美的薄翼，被世俗与政治的手术刀锯掉了。犹如最公益的蝴蝶或蜻蜓，被按上肮脏图钉，嵌在祖国那急需裱饰的污墙上。

而在上帝那儿，一个杀害诗人的环境是有罪的。

"每当想起叶赛宁，我总忘不了：他是个诗人。"善良的爱伦堡永远不知道，叶赛宁并非自缢身亡，而是被政府密探活活打断了气。安德烈·别雷的话或许可作所有诗人的墓志铭——

> 他用思想衡量时代
> 却不善于度过一生

不善于缓解灵魂和外部的紧张关系，不善于克制隐瞒和安分守己，不善于卖笑奉承和插科打诨，不领唱太平亦不加入颂诗班的合唱……不合时宜，是诗人短命的症结。在一个崇尚丛林法则的肉腥年代，漫长的年轮只属于适应笼养和套锁的宠物：蜜嘴的鹦鹉和杂耍的猴子。

降生、受难、露天地战斗，然后不屈不挠地死去——这是诗人的全部。

> 一些人熟悉草木，一些人熟悉鱼类，而我却熟悉了各种离别……

> 他仁慈而优美地躺在棺木里……仿佛所有人都将由于这样一个短暂而可怕的念头而心头衰竭：再也看不到纳齐姆了。

当身边的友人——这生命的小树林—— 一棵接一棵地被雷击倒，那兀自立着的一棵该有多么寒冷和孤单。面对旷野上拱起的大片墓群，这个继续生存的"余数"，心中的坟茔又何等凄清。

当我重读茨维塔耶娃的诗时，我会突然忘记诗歌而陷入回忆，想起许多友人的命运，想起我自己的命运——人，岁月，生活……

那些死去的脉影，那些曾多么紧密和相似的灵魂……作为幸存者，你必须担起留守往事和记忆的责任——共同活过的经历，一下子全遗落给了你。死去的灵魂需要活在你身上，它们成了你的构件、你的肺腑和器官。

我想起一位朋友的话：有的人活着，就已成了纪念碑。爱伦堡，即这样一座纪念碑：胸腔嵌满杀害亲人的弹片，血液里收养着遇难者的血液，脊柱的每一毫米，都铭刻着一缕遗嘱。

最后一次见面是 1958 年春在布拉格机场上。我突然看见了奈兹瓦尔——他刚从意大利来。像往常那样，他对我说：意大利太美了！然后他抱住我，指着心脏：我的情况不妙。不久，他去世了。

爱伦堡对这位朋友最深的印象是："我从未见到一个人像他这样顽强地抵御着刨子和推子的进攻以及岁月的校正。"

我常有这样的体会：个人对生命的整体印象，对自我信息的确认，非得借助他人的存在故事为参照不可；一个人的精神位置，也要通过与他人的灵魂联系才能得以识别。换言之，我们要在别人的眼睛里找见自己，借对方的生命移动体察自己的行走……可有一天，那些坐标系、那些最亲密的镜子突然碎了，接下来会怎样？失去伙伴的生命将陷入怎样的惶恐与混乱？

那一刹，生存仿佛瘫痪了，你会觉得自个儿也碎掉了，灵魂一片空寂，如水银泻了一地……你无法短期内捡回自己。即使重新上路，很多重要的无形的东西也已离去，一些光影已永远失踪，生命之书被删减了许多页码。

平常岁月里，当我们身体犹健时，死显得那样模糊而遥远，唯有那些与自己特别近，甚至最亲密者的猝然离去——比如友人、亲人、恋人，才会极真实地唤醒我们体内沉睡的痛感和惊悚，感觉到死对生构成的严峻威胁，甚至才恍然大悟：人是会死的！无一例外、无力阻挡、无法填补的死！也正是从这些突变和剧痛中，我们才第一次逼真地看清了自己的死。

最亲近者的死，总让活着的人震惊。它可以使孩子瞬间长大，让青年一夜间坠入中年……懂得了死也就懂得了生最深的寓意。对迈入中年门槛的人来说，最大的精神打击莫过于目睹同辈人络绎离去的情形，而这是一种每天都在暗暗添加着的危险。

在书里，爱伦堡忆述了数十位朋辈的死。短短二十年间，疾病、贫困、战争、迫害……无情地洗劫了这些金子般的生命，在作者眼皮底下。

一个人，要为整个时代的头脑送葬。共同的使命、相似的精神——使他们完整得像一个人，像同一乳母的孩子。他曾拥抱并祝福他们——希望对方活得比自己更长久、更精彩，而现在，只剩下了自己……

半个世纪过去了，抚摸这些披着黑纱的文字，我依然能觉出爱伦堡平静叙述的背后——那由于克制而愈发颤抖的情形，那巨大的隐忍，那湍急的水流怎样突然"关闸",简促得令人惊愕。他实在无法多写。

　　临走的时候,我说:马琳娜,咱们还要再见面谈谈。不,此后我们没有再见。茨维塔耶娃在撤退到叶拉布加市后便自杀了。

　　在罗特的长篇小说里,阳光、空气都很充足。然而在他的现实生活中,鲜血、懦怯、背信弃义……实在太多了。德国师团在布拉格街上行进。重病的约瑟夫·罗特被人从咖啡馆送到了医院。他才45岁,但他不能再活下去了。手稿和一根旧手杖被分赠给朋友了。

初读这些段落,我为其利落得近乎笔直的句型感到冷,但又迅速看清了:正是这种匕首般的简短、陡转和跳跃——给人以惊心动魄的震撼。血光似的一闪,不见了。没有浓烟,没有呛人的腥。

悲怆,即殷红的心开出的一粒白色纸花。

这是一个坚强而遭遇内伤的人唯一能做的。他懂得死的尊严,懂得诗人之死应是干净、迅速和美的。他不愿看到被挣扎所损害的面孔。

　　尽管诗人还不想死,还挣扎着想"恋爱",还准备着各式各样的赴约,但权力已以最粗野和下流的方式掳掠了他的"祖国爱人",且不允许情敌存在了——

　　彼得堡啊,我还不想死
　　你有我的电话号码
　　……

> 我但愿，有头脑的躯体
> 变成街衢和国土
> 这躯体虽被烧焦，但有脊柱……

此时的曼德尔施塔姆好像已听到了囚车的马达声，这些诗明显地露出诀别之意。时隔不长，他在海参崴牢房里被冻僵了。

> 考特贝尔附近有一座山，轮廓很像马克思的侧影。沃洛申就葬在那里。1932 年秋，马琳娜·茨维塔耶娃写道：
> 他来到这样的时代："按我们的心愿唱吧
> ——否则我们就把你消灭！"
> 他来到五光十色的时代，却只有孤独：
> "'我想独自躺下……'
> 亘古的寂静
> 十字架是一株孤寂的苦艾……
> 诗人被葬于最高的地方。"

"否则就把你消灭！"这正是爱伦堡的伙伴——及散落在世界各地的同宗种子们的命运。仅斯大林时期，俄国即有两千多名作家、艺术家遭清洗或流放。《人·岁月·生活》覆盖的仅是极小的一个边角，更庞大的墓葬群只能到索尔仁尼琴的"古拉格"或更冷僻的地方去找了。

歌德 75 岁那年曾对艾克曼说："我极占便宜的是，我出生在一个世界大事逐日相接的时代。"无疑，对于一个书写者，见证一个深刻而惊险的时代，确属幸事，那将极大地丰富个体经验，扩充其思想体积和精神资源。但坦率地说，我本人厌恶这种"收藏家"心态，因为这种藏富是以世界的混乱、生活的惨变和人的巨大牺牲为代价的，这种独家发言人的资格要靠自身的保存及同辈人的消亡为前提——艺术的嘴巴吸吮死者的血，我受不了这份野心。

没有比人和生更宝贵和神圣的了。同时，我们已看到，并非只有大时代大悲剧才孕育精神业绩，艺术家不仅熟览历史，更要精通良心，精通灵魂密码与人格定律，以巨大的细心潜读生命奥秘和共同遭遇……《荷马史诗》的魅力不在于它托举的事件之显赫、构架之磅礴，而在于悲剧的神性眼光和穿透时间的美，在于元素的细密与浩瀚。

托马斯·曼在《我的时代》中嘲笑了歌德："我们可以看见，矜夸你自己一生所经历的事实在是非常冒险的事。"可敬的是，作为陪伴俄罗斯最负罪也最伟大生涯的爱伦堡，这部《人·岁月·生活》通体是以"痛"和"苍凉"——而非吹嘘和庆幸的姿态完成的。虽然他有的是这便利。

孤独、隐忍、苍凉、长歌当哭……

一个懂得生、体恤死的人。

一个温和而英勇的绅士。

一位把赞美和棉衣披给同伴的人。

1967 年，在送走了那么多朋友后，他也为自己举行了一个小小的葬礼。

　　　　　　　　　　　　　　　　　　　† 1999 年

28

历史：近处失明和远视症
——《时代的疾病——精神访谈录》节选

问：我在 2009 年第 5 版《现代汉语词典》里查到了对历史的解释，"历史是自然界和人类社会的发展过程"。谈谈您对历史的理解？还有，您觉得历史对当代有什么用处？

答：自然史，先放一放。

按我的理解，历史就是我们的集体身世和生存记忆，它回答"我们从哪里来，我们是谁"这一问题。我看身边的年轻人，发现他们很少或从来不关心历史，我很遗憾，就告诉说：一个人必须读点历史，你不能只生活在当代截面上，否则你就不立体，没有"根"，精神上很薄，薄薄一层纸。这些孩子都 20 多岁，一睁眼即上世纪 90 年代了，在他们的印象里，生活和世界从来都是这样的，一直如此且天经地义，唯一变化就是每年流行的东西不一样。当你告诉他三十年前穿喇叭裤、唱邓丽君的歌、听国外电台弄不好会坐牢时，他大睁着眼以为你开玩笑……重大的时代拐点、社会变局、思潮争鸣，他们都没遇上，一路直行，没有跌宕和起伏，连个岔口都没有，甚至以为父母也是这么过来的，只是更穷、更土一点，没有肯德基和麦当劳罢了。所以我就说：不要只活在当代截面上，不要老跟着时尚和流行走，要知道你的身世，个人和民族都要有身世感，一个人要知道自己从哪里来，才清楚自己是谁，将来会怎样。

　　现代医学在辅助诊断上，越来越注重基因，过去也重视，但用的是另一个词——"家族病史"，人得什么病，很大程度上是由基因悄悄决定的。那么，从人类生存来讲，历史就相当于基因图谱。今天的生存格局从何而来？今天的政治习性、文化人格和价值观，从何而来？就是从基因谱系里来。90 年代一定是从 80 年代来的，80 年代一定是从 70 年代来的。张志新在 70 年代因讲真话被割喉管，同样的话在 80 年代就无性命之忧了，或许会有警告或处分，而再往后，可能这些也没了。所以今天的父母用不着再叮嘱孩子"不要在日记里乱讲话"了。这就是进步，但进步是有成本的，若不牢记和珍惜成本，那利息就不可靠，不定哪天就缩水，大家又变回穷光蛋。我觉得每个时代都是这样，前人付出成本，后世享受利息。我们认为好的社会状况，每一点文明进步，都不是天上掉的馅饼，而是利息的结果，所以我们要感谢那些成本，要缅怀那些在成本中牺牲的人，比如当年的孙志刚事件（一个青年在广州街头因无暂住证被收容后遇殴身亡），它以最极致和惨烈的方式刺激了舆论，唤醒了法的良知和制度纠错，《城市流浪乞讨人员收容遣送办法》由此被废除。它潜在地改变了无数人的命运，至少你今天走在大街上，不会因没带身份证而被羁押。

　　不了解历史，即等于不清楚"成本"。犹如一个人花着钱，却不知钱是怎么来的，以为自己天生就有钱，就该有钱似的，这不是败家子吗？如此下去，离身无分文即不远了。所以，要了解历史，就像坐在一列车上，要清楚自己在哪儿上的车？上一站是什么？不知上一站，就不知下一站。

历史关乎成本，关乎记忆，更关乎身份。一个没有历史感的人，是拿不到生命身份证的。还有，历史并不仅仅是"过去时"，很大程度上，它可能还保留着"现在时"和"进行时"的姿态，比如几十年前的"极左"、"大批判"，真的被连根拔起、不再打扰今天了吗？它往往一只脚留在过去，一只脚踩住当下。它只是新闻意义的史，并非意识形态的史。

所有当下，都是历史分娩的，身体里住着历史的血脉、基因和染色体。当我们以为与某段历史永别时，它又冷不丁拦在了前面，顶多换了个面具。尤其于中国这样一个变革不彻底、文化积习太深、体制更新太慢的环境，很多事都会一遍遍地来，改编后重演或拍续集。所以有人说：鲁迅不被遗忘是民族的悲哀。是啊，曾有那么一阵，觉得鲁迅过时了，可又过了一阵，发现鲁迅还站在前面，老人的话一点不老，他依然伟大，像个时代先锋。

我这些年做媒体有个感受：很多"新闻"都似曾相识，仔细一看，本质上都是旧闻——旧闻的内核和逻辑，除人物地点和相关数字变一下，事件性质、发生原理、进程和结局都大同小异，馅还是那个包了多年的馅。不说别的，单就一个矿难，别说做媒体的，哪个中国人还好意思把它当新闻？都是一个模子出来的。谁铸了那个模子？谁有粉碎模子的决心和力量？

中国的问题往往就是模子问题。

问：我采访一个电影评论家时，他说真实的历史是相对的，历史往往由胜利者来写，如果这段历史对胜利者有利，往往会写得很清晰，反之往往很模糊。您怎么看？

答：中国历史有一个现象（他国也有，程度不同），越远的搞得越清楚（越被允许且鼓励搞清楚），越近的反而越糊涂。你问现在的孩子80年代发生了什么？70年代发生了什么？他不知道，但你若问他明清宋唐的事儿、三国乃至秦汉的事儿，他或许能如数家珍，娓娓道来。就像《百家讲坛》那些陈谷子烂芝麻的事，你怎么忽悠都成。清朝人未必知道清朝那些事，明朝人未必知道明朝那些事，而那些事，今天的专家和孩子都门儿清。

我觉得这和权力对历史书写的极度重视有关。长期以来，历史一直是权力历史，权力亲自写，写的也是权力，即政治编年。像古代，自司马迁《史记》和班固《汉书》后，只能写隔代史了，本朝的事不许说，想臧否人物、指点江山，你得冲前朝和上世去。为何这么做？显然，这涉及一个大利害：权力合法性！这是权力最敏感和担心的东西。所以就出现了"近处失明"现象或叫"灯下黑"、"远视症"。越近的历史，越是一笔糊涂账，越愿意做成糊涂账。于史学家来说，这是一种选择性失明。《百家讲坛》是这路数，古装影视剧也是这路数。

在历史一事上，公众最担心什么？是被欺骗、被蒙蔽。所以从古到今，人们都把"真相"当成历史的最高价值标准。

问：我采访的一位哲学家是这样理解历史的：一个国家、民族，如果没有历史的记忆，也不会有行动和辨别方向的能力。相反，若对于过去的记忆太仔细、太琐碎，同样也会使我们瘫痪。

答：我觉得前半句很对。历史关乎记忆，更关乎身份、坐标和走向。拒绝遗忘，做一个有记忆和身世感的人，非常非常重要。它打通了过去、现在和未来的关系，否则我们就是"横空出世"的一代，属无源之水、无本之木，视野里只有树叶，不见森林，只滞留在当代截面上，像时间的弃儿，像个白痴，也确有沦为白痴的危险。这是很可怜、很危险的。

而他的后半句，我认为是个假说，或者说反应过度。现在的历史粗糙得要命，不存在太仔细引发的问题。

由于正史一直为权力掌控，禁区和天窗太多，所以，指桑骂槐、含沙射影的江湖野志、鬼怪小说才开始汹涌。通常提历史，我们马上想到史书，其实应加上民间所有的竹简和纸片才够。古人比今人有才情，有着旺盛而诡异的想象力和创造力，就是被"文字狱"给逼得，都使劲往旮旯里走，就有了极致。没这种逼迫，说不定没有《聊斋》《西游记》《红楼梦》。

如今，在记录和还原历史上，无论内容还是手段、工具都大大丰富了。

内容上，除了对官方档案一如既往的窥视，人们越来越意识到民间纪事、个体记忆的珍贵和重要，这是对的。历史不仅是政治史、斗争史、制度史，还是生活史、文化史、民俗史和心灵史。传统史书多为断代史，以朝代和权力周期为单元，基本属政治编年史。这种史学价值观，政治资源比例过大，尤其用在教育上，我觉得值得商榷，它会让孩子的政治思维和权力性格过度发育，应有别的思路和线索加入进来，比如文化、自然、经济、民生、习俗、艺术等视角。我一直有个观点：政治功能太突出的时代，绝不是个好时代。我不希望未来社会仍由坚硬的政治来主导和引领，更不希望未来的孩子过分倚重政治、仰望政治，他们应有天真一点的生活理想和日常内容。政治是天真的最大敌人，中国人的政治肌肉已过于发达，斗争哲学严重过剩，消耗了这个民族太大的体力，浪费了太多的感情和心智。当然，我指的不是现在这一代孩子，他们的任务其实很重，因为昨天的历史还没结束，要搬开和移走的东西还很多，过早和过度的天真反而无法实现天真。

除了内容开始丰富，在搜觅和储存历史的方式上，伴随网络、纪录片和"口述体"的兴起，人们对记忆的安置空间、传播途径和安全系数都充满信心。但最重要的一点别忽略：人。人是历史最重要的载体，是活的档案。早在上世纪末，学界就大声疾呼"抢救历史"，趁很多长者古稀之年抓紧留下一些东西。近年"口述学"、"口述回忆录"、"口述电视片"的兴起，目标人群即重要事件的见证人和信息掌握者。呼声是发出了，可惜回音微弱，很多被期待者选择了缄默，然后无声地远去。

很多历史即这样被带走了。

——2009 年根据对话整理

29

对"异想天开"的隆重表彰

—— 从"搞笑诺贝尔"看西方的智力审美
和价值多元

生活的最高成就，是想象力的成就。

—— 题记

2004 年 9 月 30 日，在美国哈佛大学会堂，一场狂欢式的颁奖典礼正在举行：口哨迭起，纸箭乱飞，服装怪异的各色人等，语焉不清的乐队伴奏，全场时而寂然，时而满堂哄笑……

此即"伊格诺贝尔"（Ig Nobel，以下简称"伊诺"）的颁奖现场，俗称"搞笑诺贝尔"。它由哈佛大学的《不可能研究年刊》主办，每年评出医学、文学等十类奖项。

《不可能研究年刊》创于 1991 年，主编亚伯拉罕斯，乃一份幽默科学杂志，戏称《冒泡》，其封面上印有一行字：记录华而不实的研究和人物。如果说"搞笑诺贝尔"是一枚傻呵呵的蛋，《冒泡》即那只整天笑咯咯的母鸡了。这只鸡宣称：该蛋旨在激发人们的想象力，特赠予那些不寻常、有幽默感的"杰出科学成果"。

去年底，笔者给央视一档新闻节目做策划，通过有关渠道，向主办方讨得典礼的影像资料，于是就看到了本篇开头的那一幕：从氛围到规则，从气质到内容，从精神到道具，都饱含着对科学传统奖励模式的巨大挑衅——

2004 年年度和平奖得主——卡拉 OK 的发明者，日本人井上大佑。获奖理由：卡拉 OK 这项伟大发明，向人们提供了互相容忍和宽谅的新工具！年度物理学奖得主——渥太华大学的巴拉苏布拉尼亚姆、康涅狄格大学的图尔维，两人的贡献是：揭示了呼啦圈的力学原理。年度工程学奖则授予了佛罗里达州的史密斯和他的父亲，父子通过精心计算，得出结论：秃顶者把头发蓄到一定长度，将前面一部分向后梳齐，用摩丝定型，再将侧面头发顺势向顶部拢合，效果最佳。而生物学奖被四人摘得，他们集体证明：青鱼的交流方式是放屁……

看得出，对"雕虫小技"的青睐，对"微不足道"的鼓吹，正是"伊诺"的功夫所在。再比如生物学奖：1999 年授予了新墨西哥州的保罗博士，他培育出一种"不辣的墨西哥辣椒"；2003 年授予了荷兰学者莫尔莱克，他分析出野鸭子存在同性恋现象。和平奖：2002 年授予了"人狗自动对译机"；2000 年，荣膺该奖的是英国皇家海军，在一次演习中，长官命令水兵不装弹药，而是对着大海齐声呐喊：砰！

《冒泡》主编亚伯拉罕斯，对"伊诺"有一句自白："先让人发笑，后让人思考！"那么，思考什么呢？它对我们日常的评价行为、价值系统和表彰模式，会有怎样的启发呢？

在"伊诺"的榜单上，有诸多让我们大跌眼镜的东西，按中国人的心理惯性，有句话早就按捺不住了：这干啥子用？出啥洋相呢？

的确是"洋相"。

中国文化有着非常重实的功用传统和崇尚使用价值的习性，"实"

一直被奉为正统高高矗立。以实为本、以物为大、以形为体、以效为能——物用性,尤其是显著和速效的有用,从来都充当着我们对事物进行价值评估的磅砣。无论术、业、技、策,皆有一副实用和物质的面孔……"没用的东西",作为一句训斥式的中国老话,既是一种物格评价,也是一种人格评价,既可诽物,亦可骂人。

两个多世纪前,当烧开水的壶盖扑哧作响时,谁能想到那个对它心醉神驰的少年,会成为历史上的"瓦特"呢?事实上,那盏小小壶盖早已被沸腾之水鼓舞了几千年,也被忽略了几千年,作为一幅情景,它缥缈无骨,一个眼光实际的人无论如何也不会感兴趣。西方有谚:"如果你盯着一样东西长久地看,意义就会诞生!"这是一句很虚的话,也是一句伟大的话,许多世间的秘密和真相就蕴于此。瓦特的幸运在于,他没漏掉这样一个秘密!是性格帮助了他,是对细节的重视程度、是打量事物的那种"陌生感"、是沉湎幻想的习性——帮助了他!牛顿也如此,爱因斯坦也如此……较之众人,他们注视世界的目光里,都多了一股迷离和朦胧的东西,多了一抹遥远、深阔和缤纷的色彩。

那股迷离、那抹遥远,就叫"虚"吧。"虚",往往折射出一种理想主义和未来主义的超前眼光;"实",通常代表一股实用主义和现实主义的近物需求。"虚"未必能转为"实",但"实"往往诞生于最初的"虚"。

1752年7月的一天,在北美的费城,一个叫富兰克林的男子,正做着一桩惊世举动:他擎着风筝,在雷雨交加的旷野上奔跑,大喊着要捉住天上的闪电,并把它装进自己的瓶子……百姓觉得这是个傻瓜,学者以为这是个疯子,可就是这位不可理喻者,最终被誉为避雷针的创始人。我想,要是那会儿有"伊诺",他一定全票当选。

有人说了，富兰克林的念头虽一时看来荒诞不经，但最终实现的仍为一种物用价值啊！不错，避雷针是一种"实"，但这"实"却发轫于"虚"——一种不合常态的大胆奢想，没了那股"虚"的精神冲动，一切都谈不上。若把"虚"仅仅当作一种潜在或变相的"实"来期待，若把演变和衍生"实"的大小作为评价"虚"的砝码，那"虚"的弱势和险情仍未减弱，"虚"的生存环境并未改善。所以，"虚"——应彻底恢复它的独立和自足角色，并在这个位置上给予尊重与呵护。

人往往犯如是毛病：在经验逻辑上搭建一个一元博弈、你死我活的价值擂台——将"非理性"视为理性之敌。其实，双方并非一元式矛盾，非实用不是反实用，非理性不是反理性，非科学也不是反科学（或伪科学）。在我看来，"伊诺"更多地宣扬了一种非实用和非理性价值，而非把实用和理性打入地狱。

对待想象力，对待奢念和幻想，对待非理性和非经验的自由与浪漫，东方的态度往往比西方要苛责、刻薄得多。比如我们的成语资源中，竟有很大一个板块被用来描述和指摘生活中的非理性："荒诞不经"、"痴人说梦"、"缘木求鱼"、"华而不实"、"故弄玄虚"、"空中楼阁"、"不识时务"、"不可理喻"、"异想天开"、"匪夷所思"、"玩物丧志"……遗憾的是，如此磐重的务实传统并未分娩出一种严肃的实证品格和缜密的科学理性，反倒在世俗文化上脱胎出一套急功近利的习气来。待人遇事、识物辨机，无不讲实用、取近利、求物值、重量化，贪图速效速成、追求立竿见影……于是，涸泽而渔、杀鸡取卵的短期行为，也就在"务实"的旌旗下浩浩荡荡了。远的不说，放眼当下——资源上的采掘、消耗，建设上的规划、改造，教育上的考评、量化……哪个不短视、短效得惊人？

西方呢?当然有务实传统,幸运的是,它同样有浪漫和务虚的传统。西方对"无用之物"的欣赏可谓源远流长,从古希腊到文艺复兴到近代启蒙运动,从天文、艺术、宗教到对社会制度的憧憬和民主设计,从唯美主义、浪漫主义到形而上和哲学思辨,从柏拉图的《理想国》到康帕内拉的《太阳城》与欧文的"和谐公社",从《荷马史诗》到安徒生童话和凡尔纳的《海底两万里》……都散发着一股儿童式的缥缈和虚幻,都在从不同角度描画着荷尔德林的那句话:"人,诗意地栖居在大地上。"

相比之下,中国的诸子经典和显学们就功利和世故多了,不外乎是以"中庸"为能的生存策略和攻防心技,老成持重、筹谋积虑,处处讲究天衣无缝、圆熟得体,透着一股吊诡之气和沉暮之霾。也正是从这个意义上讲,马克思称中国文明为"早熟儿童"——希腊文化为"正常儿童"。的确,作为欧洲文明始先的希腊人,不仅长着一副儿童的额头,还有着明亮的神情和轻盈的举止,健康且快乐着;而中国文化从周礼开始,就满脸皱纹和心事重重了,除了"跪"和"叩",行动上也多了"杖"和"拐",不仅步履蹒跚,且哭丧着脸。

如果说,中国文化资源有严重缺失项的话,我想它们应该是:神话、童话、形而上、科学理性和非政治"乌托邦"……(中国当然有被后世称为"神话"的东西,但那是"把人神化",而非希腊那样"把神人化"——如此神话才能与生命进行正常交流与对话)这些缺失恰恰决定了我们"飞"不起来,决定了我们是生存文化而非生命文化,是心计文化而非精神文化,是抑制文化而非激情文化,是"脚文化"而非"头文化"——决定了我们只能围着实用生存的磨盘,原地打转。

还有一种现象:作为一种浪漫的人文传统和理想主义习惯,西方的"虚"非但未妨碍"实"的繁荣——更给后者提供了"乘虚而入"的激励和机遇。西方文化形态是多元、开放、兼容的，在每个时代的生存格局中，总能恰到好处地为梦想者、保守派和实干家预留出相应的空间及比例，且彼此和谐、互为激荡。不难发现，在欧洲历史上，几乎每轮"虚"的文化涨潮之后，都会迎来一场新的社会理性和科学精神的腾跃，也就是说，作为"月光"的理想主义憧憬——总能很快在地面上投下它飞翔的影子，作为夜间能量的"诗意"——总能在实干家那儿成为一种白天的现实，成为他们变革社会、导演历史、成就事实的一种才华。比如欧洲文艺复兴后人文社会的兴起和中世纪的终结，英国启蒙运动催生的"光荣革命"和《权利法案》，古典自由主义和"百科全书派"之后的《人权宣言》，"五月花号公约"之后的美国《独立宣言》和《人权法案》……在东方史上，你很难找到如此人文璀璨和理想激荡的时代。经验化、功利化和实物化的生存格局，注定了社会精神的沉闷、压抑和空耗，借助"实"的巨石，专制体统在它的"超稳定状态"中一趴就是两千年。1215 年，当英国贵族与国王在羊皮纸上签署有"法制"意义的《大宪章》时，中国士大夫还在为南宋小朝廷的安危殚精竭虑。1620 年，当登上北美大陆的百名流亡者浪漫地宣誓将开辟一个以民权为本的新国家时，荒怠颓废的大明朝刚清算完改革大臣张居正的精神遗产。

　　当然，"伊诺"信徒们反对的并非东方的传统，人家首先警惕的是自己的现实——尤其是 20 世纪来甚嚣尘上的物质主义和技术主义。这群具有童年气质的中年人敏锐地意识到：当实用理性过于膨胀，它所淹没的会比创造的多得多。所以，他们要为自己的时代扶植起更茁壮的在野文化和精神另类来。

　　或许有人沉不住气了：难道东方传统中缺乏诗意吗？春秋、魏晋、唐宋、晚明……不都飘逸着放浪士子的衣袂吗？不错，在汉语竹林里，在染满青苔的诗词绝句里，的确闪烁着"虚"和"狂"的影子，但仔细打量便发现：它们不仅稀稀拉拉，难以缔结一部真正的时代风景，且这些放浪和疏狂多为文化散户的精神梦游，且散发着一缕酒气和哀怨，大有遁世和流亡之感……这与西方那种群体性、现世性很强的价值栖息和生存面貌上的"虚"——相距甚远。或者说，东方的"虚"多是学问意象和修辞层面的"虚"，缺的是社会属性、公共价值和群体规模的"虚"，缺的是可操作可企及的"虚"——清醒的生命履践意义上的"虚"——理想主义在社会平台上主动和公开演绎的"虚"。

这一点，我们可以拿孔孟弟子和苏格拉底及亚里士多德们比，拿陶渊明、苏东坡、孔尚仁、曹雪芹、王国维与约翰·弥尔顿、卢梭、罗素、雨果、左拉们比，拿董仲舒、王安石、张居正、曾国藩、李鸿章与托马斯·莫尔、马拉、丹东、杰斐逊、傅立叶们比，拿朱熹、方孝孺、李贽、王阳明、顾炎武、王夫之与霍布斯、洛克、孟德斯鸠、伏尔泰、潘恩、托克维尔们比……无论生命气质、人文视界、信仰方式、入世方向和精神重心，皆判然有别。而且，更大的缺失还在于：即使有零星的"虚"出现，我们也很难去鼓吹和表彰它，在现实社会中，我们罕有放大和推演它的可能。

总之，在对"虚实"的理解、消受和履践上，在对事物和行为之"用途"的价值评价上，东西文化传统有着很大的分野和间离。

—— 2005 年

30

法律很复杂，正义很简单
——《时代的疾病——精神访谈录》节选

时间：2009 年 12 月 18 日。

地点：北京崇文门咖啡馆。

缘起：应杨伟东先生之邀，接受其纪录片《需要》的采访。该片拟访问当代中国诸领域的一批学者和艺术家，就文学、道德、人性、信仰、法律、科学、文化、秩序、精神家园、知识分子、世界观等传统概念和话题作答，旨在扫描几十年来国人思想的激荡与变迁。本篇在现场基础上作了梳理。

道德：一个最让人伤心的词

问：什么是道德？您怎么看当下的道德状况和道德环境？

答：在我看来，道德就是人们试图规避人性弱点的一种契约、一种共识、一种集体文化的选择，它是保障良好生活秩序、追求共同体利益的一种力量。

当代中国，道德恰恰是最让人伤心的一个词。中国迎来了道德最弱化、被怀疑程度最深的渊谷时期。道德不是无条件的，不像天性一样自行运转、须臾不离。它犹如蘑菇的繁殖，对空间、温度和壤情要求甚严。一般说来，道德的被调动、被激活，它的蓬蓬勃勃，需要两种酵母——

一种是消极的，即"怕"，即心灵敬畏。人由于敬畏而听从道德的暗示和指引，明显的即宗教禁忌，教义里告诉你不能这样那样，应如何如何。但中国没有本土宗教资源，外来者又面临水土不服、能量流失、实体异化、政治阻挠等问题，再加上唯物论的教唆，更铸就了中国人天不怕地不怕的性格。而民俗禁忌和乡村规约，权威性不够、统治力弱，一遇"移风易俗"即溃败了。

另一种是积极的，即"爱"。爱能滋养人的精神体质，让人内心有光，持有并依循道德。但爱在当代遇到了大麻烦，因为爱是滋生的，属于变量，心是爱的孵化器和子宫，它不像宗教那样借外界的精神权威予以辅佐。有人说爱是本能，但别忘了，人除了爱的本能还有其他本能，包括自私和邪恶。那么，究竟哪种本能占上风且稳定地释放行为能量呢？取决于环境！爱需要饵料，需要召唤，需要外部空间与之呼应、彼此印证。爱不可能一直孤独而执着地存在。爱的敌人太多了，环境随时可动摇它、否决它。一个原本天真烂漫、性格活泼的孩子为何在大学校园里自杀了？在很多犯罪者陈述中，我们都可听到他对生存空间和游戏规则的否定，像马加爵，他曾经是有爱的，但环境不支持甚至伤害这种爱，于是他就放弃了，弃之若敝，毫无眷恋。

无疑，"爱"在当代遇到了空前危机。危机的特征之一，就是我们内心热爱世界、热爱生活、热爱人群的依据和理由，正在减少。越来越多的自杀现象即说明这点。十年前，我写过一篇文章，叫《依据不足的热爱生活》，即表达了这种担忧，现在看，"依据"被削减得更严重了。爱，最初往往不需要理由，但后来就需要底气和薪柴了，需要逻辑的支持和理性的维系。我想，在这些"依据"中，重要的应有这么几项：社会肌体的健康（包括制度的完善、权力的清洁、法律的有效和公正）；游戏规则和竞争机制的公正（包括社会资源和收入分配的合理、人生机会的平等、命运能量的均衡）；人际间的和谐与民间信任文化；乃至良好的自然生态等。如此，我们才有理由深爱这个时代。当环境一团糟——官商勾结、权力寻租、执法不公、投机者致富、骗子得逞、潜规则代替规则、恶霸横行、正义缺席、人人自危、到处是黑色和灰色……一个人还能在"热爱生活"的位置上挺立多久？除非他是个塑像，或被催眠了。

你看报纸电视广播天天提醒什么？如何防骗！我们的手机每天收到多少垃圾短信？造假证的小广告哪儿没有？这个时代谁在暴富？官员、骗子、投机者、黑心者！人人都是受害者或潜在受害者，怀疑大于信任，从恨贪官奸商到妒羡对方……当坚硬的事实和所有迹象联合起来，共同蚕食、粉碎你内心的那点温柔、纯真和幻想——爱也就没空间了。体内没有，体外也没有，更无法实现循环和回收。在"爱"这一点上，你找不到伙伴和组织，找不到声援者和拉拉队，怎么办？

我做新闻，每逢个体悲剧发生，比如云南马加爵案、上海杨佳案、北科大学生抢银行案……我都不由自主地想起一部电视剧的名字：《我本善良》。我都在想，一个人心中爱的能量是怎样一点点流失，然后向对立面恶性转化的？在善良出走之前，在爱的储蓄将尽、被宣布贬值前，我们这个生存共同体有多少事可做——应该做，必须做——而没做啊！

常识还活着，世间还有青春

问：前段时间我看又有一个榜样出来了，武汉长江上救人大学生不幸殉难。那种救人方式引起了很大争议，很多人觉得是一种不理性，不该鼓励这种做法。同时，媒体还披露了见死不救的旁观者和利欲熏心、高价捞尸的船主。您怎么看？

答：这条新闻我们栏目做了，所以我清楚此事。我的个人立场很明确：这是让我感动的一群孩子，我在心里向他们致敬。我看到了青春的美丽、未泯的常识。我很想赞美他们，但不会把他们当成英雄，他们是我心目中正常的青年，他们复活了一条"不能见死不救"的常识……这比英雄令我欣慰。

事后，有人挥舞着理性质疑，有人大声呼吁表彰。我愿意质疑，但我不质疑青春的"鲁莽"，我质疑的是前者的质疑，是这条江的安全防护和救助系统，是政府的职能。我同意表彰，但更关注表彰的内容和方向，是表彰他们的"非凡"还是"正常"？是召唤"常识"还是召唤"英雄"？是表彰"烈士"还是表彰"健康的生命"？是权力的表彰还是民意的表彰？我不仅同意表彰，我还支持隆重的表彰，因为在备受质疑和不公正的评价后，再让它无声无息地过去，我觉得不妥，要追加一份荣誉，这样才公允。

他们很优秀，那份不假思索的"冲动"很优秀。他们不鲁莽，他们已显示了瞬间的机智，考虑到了救人的技术。

这群孩子，我特别留意其年龄和身份。他们是从校园来到江边的，接受的还是一种理想主义教育，身上还流淌着青春和青涩，之所以毫不犹豫地跳下去——这个动作的发生，我觉得就是那股青春和青涩在起作用。若再过十年我料想他不会做，因为对此事的风险他会做很多评估，评估到最后就是不做，别人去做我也会鼓掌，也会感动，也会流泪，但都是寄望于别人或更有力量的人而自己不做。

当年全国上下反思"赖宁"并一致同意不支持未成年人"见义勇为"的时候，我也同意，我也加入了理性阵营。但过了一些年，我突然觉得社会正从一个极端跳向另一极端，我们用聪明剥夺了常识，用理性掩埋了冷漠和麻木。良心变成了一碗坚硬的稀粥，我难以下咽。何况，此事在主体和细节上都远离"赖宁"。

我觉得这群孩子之所以去做，并非受了什么精神的驱动，很可能就是一股冲动、一种本能、一条从书本中得来尚未丢掉的常识：见危不能不救！不能袖手旁观！大凡危急下的勇敢，少有深思熟虑的，都是激情和血性使然，这恰是人身上最有希望的东西。若连这个都没了，人性就麻烦了。我在前面的话题中说人性是复杂的，充满多元成分和对立元素，有自私也有慷慨，有恐惧也有无畏，我希望这两样都有，配齐了才叫健全。若只剩下一项单极，那一定是恶性的。如今的知识人和批评家，往往思想力很强，但行动力太弱。包括我在内，都有这个问题。我们溺于思想，行为上很少付出，更不做"出格"和"危险"之事。

珍惜生命、反思救人失败的原因，很有必要，我一点不反对。但有个时机问题，有个技术问题。你要把两件事剥离开：一是奋不顾身地救人，一是如何降低风险和成本。若把两件事绑在一起评价，那就亵渎了高尚，误读了青春，辜负了常识。当理性用力过猛，或时机不对，就成了失明的理性。

需要理性，更要回到常识。尤其是看到冷漠的捞尸队出现在同一条长江上时，我真觉得船上的才是僵尸，水下的才是生命。我也再次感受到那个跳下去的动作——它的分量和价值，它毋庸置疑的正确！

一群生命，用身体告诉了我一个事实：常识还活着，这世间还有青春。

我们的工具箱被盗了

问：您前面提到了，重建精神家园，除了爱和道德资源，生活空间和社会环境尤为重要。我们通常认为，法律是社会空间的支柱，您怎样看待法律和制度于当下的意义。

答：对于当代，每个人都有着痛心疾首的表情。那是一种丢了贵重东西的表情。那么，我们究竟缺失什么？丢了什么？最想找回什么？

如果用一个词，我想说是"秩序"。生活的安定、精神的舒适、人际的暖意、世间的和谐，都来自这个秩序。痛心，痛的正是失序。

在我看来，有两个秩序：一个是体内，一个是体外。体内秩序，就是心灵秩序，即精神家园的核心内容。体外秩序，即我们的生存空间和制度环境，法律乃其核心。如此，我们面前就摆着两样最醒目的东西：道德和法律。大家痛心疾首，一定是这两样都有麻烦。

法律的意义不必说，现代国家的旗帜就是法。而且，我们当下对法的饥饿感和急迫感都是空前的，像一个乞丐，饥肠辘辘、两眼发绿，恨不得一把将之全抓来、全吞下去。在民众乃至权力看来，法似乎是最大甚至唯一的稻草，似乎有了它，其他即源源而来。

在我看来，法其实不意味着粮食，它是扫帚，打扫庭院、清理垃圾、规整乱物，是建立和维系地面秩序用的。而道德，才是吃进去的粮食，才是作用于心、滋养身体的能量。若一个人吃饱了，精神饱满，手里又握着一把高效而有力的扫帚，那他的家园前景就乐观了。

问：您的意思是法制不是全能的？必须和道德结合起来才有威力？

答：我是主张法制、信仰道德的人。你可能注意到了，我把"信仰"二字给了道德。这也是我近年来的一个转变。

显然，我们的制度和法律体系不完备，缺失项和漏洞很多，法制——这把铁扫帚远未铸好。但你真以为铸好了就万事大吉、芝麻开门了吗？制度实践和司法履行其实比文本的完善艰巨得多、漫长得多。

比如说法律的出台，我们现在每天都有新的法令、指导意见、办法、条例、试行条例、地方法规出来，目不暇接，在技术细节上也不断追加补丁，但它们被严格、高效执行了吗？百姓喊冤投诉怎么先想到媒体？当公权力和职业操守不被信任的时候，当人情、利益、权力和关系资本充斥司法现场，甚至一些执法者即枉法者和舞弊者时，那这堆法律就是虚拟的，就是泡沫。而法律恰恰是生存安全的第一盾牌、第一掩体，一个人只有信任法律才会有安全感。我觉得人人自危是件非常可怕的事。

何以法律的信用被消解到这地步？为增添法庭的神圣感，我们效仿西方，增加了宣誓、法袍、法槌等符号和仪式，可这种装修有效吗？我们没有上帝、没有敬畏，即使你以手捂胸、对天发誓也没人信，你自己也不信。也就是说，我们灵魂的"内环境"并不支持这种"外环境"，饰物过多反显滑稽，还不如过去"人民专政"时的装束更威严、更凛然，至少有庄重感罢。

康德说："有两样东西，对它们的凝视愈深沉，在我内心唤起的敬畏和赞叹就愈强烈，它们是天上的星空和内心的道德律。"我们的内心空空荡荡，既没有康德的道德律，也没有类似的东西。

当然，若投优先票，我还是投给制度和法律。一个人突患急症，来势汹汹，你说先看中医还是西医？当然是西医。制度是最硬的设施、最眼前的操作，而道德和精神家园，那是多少年的修行啊，远水解不了近渴，急也没用。道德失陷可以是短短十几年的事，而修复至少要几代人。

但面对这个时代，最让我焦虑的，并非制度项的缺失和糟糕的司法实践，我的注意力还在软件上。这是个过分膜拜法律的时代，我们对工具理性过于依赖和迷信。法律是什么？法律是守门员，是维护社会公正的最后防线和堤坝，是矛盾激化后最后登场的一道程序。它是刚性的、硬质的、冰冷的，一是一，二是二。人常说"法律无情"、"法律不相信眼泪"，它的确是闪着寒光的利器。人不也常说"拿起法律武器"吗？其实我们更应看到，在矛盾抵达这个程序之前，实际上有很多可做之事，比如可用道德方式来缓冲、通融、消解。除了恶性暴力事件，一个日常矛盾，从发生到尖锐、胶着、激酣直至对簿公堂，其实是条很长的路，途中充满种种可能，有很多弹性的、人性的、温暖的解决办法，但我们往往都抛开了，什么谦和、友善、妥协、宽容、谅解、舍弃、许诺……统统不要，一下子直奔法律，扑向终点。你会发现，如今国人常挂嘴边的话是"咱们法庭见"、"有本事你告我去"，其实都是在挥霍对法律的热情，似乎这个社会越来越法治化了，你看大家法律意识多强，动不动就用法律保护自己，都决心把这事托付给法律。但在我看来，对法律热情最高的时候，恰恰是道德最无能的时候；法律的强势表现，恰恰证明了道德的虚弱和颓势。

别忘了，在解决矛盾的工具和路径中，道德的成本最低，而法律出场的成本最高。尽管大家法律冲动强，但没人愿意打官司，它繁琐、周折、消耗大，耗不起又忍气吞声，又产生很多有毒情绪，该情绪又会释放到生活中。更重要的，法律乃强制手段，它有杀伤力，即使判决再公正，它也无助于稀释矛盾、化解敌意和仇视，只会加固和激化。一个社会若什么事都求助法律，只信任法律，那人生的空气就永远是紧张的，充满戾气和火药味……

那么，为何要舍近求远、弃简从繁呢？为何要选择吃苦受累加败坏心情的路径呢？因为对别的路径没信心，尤其是对道德没信心，对自己没有，对别人更没有。一个芝麻大的摩擦也搬上了法庭——不要以为人们多么信任法律，而是除了它没别的抓手。举个例子，两台车轻轻抵了一下，其轻微可用"吻"来形容：日本人拉开车门肯定先鞠躬；美国人可能大笑着说"对不起"，耸耸肩拜拜了；法国人或许幽默地倒下车，回你一个"吻"。而中国人呢？北京的路为什么那么堵？都僵在那儿，呼警察找熟人，同时还没忘先声夺人，谴责对方，待警察赶到，又是一番唇枪舌剑、面红耳赤。其实彼此心里未必不想大事化小，小事化了，但都担心被对方讹上，不敢让步，担心自己成为先让步的受害者。人和人的信任全腐坏掉了。

法律的无时无处不在、过滥出场，往往印证一点：道德失灵，道德失效，道德普遍被弃用。何况有些时候，法律只是在走穴、在假唱，它要的是出场费。

问：您刚才说的那种情况我也熟悉，我在北京开车和在国外开车，心理反应完全不同。在国内一碰到事非常紧张、焦虑、脾气坏，就是你说的那种担心成为"受害者"的反应。第一反应是这样，接下来的反应就变形了。这几天媒体说了件事，好像是南京吧，下雨天，两个小伙子，在马路边看到一捆钱，全是一百的，就落在水里，两个人连雨伞都没打，就守在那个地方，也不敢弯腰捡。打"110"，过了个把小时，警察来了，人和钱都淋透了，后来数了一下大概一万五千多元。警察纳闷啊，你们把它交到派出所不就完了吗？他们说不行，我们要保护现场，万一人家说，这钱不是这个数，讹上我们怎么办？

答：你说的这个事我们节目报道了。小伙子很可爱，可谓当代版的拾金不昧。为什么说是"当代版"呢？因为它不是一桩简单的拾金不昧，它做了两个动作：一个是道德动作，一个是法律动作。前者是软的，后者是硬的。它把简单搞复杂和深奥了，或者说，它被逼复杂了。这是两个非常好的孩子，同样的事，若在20或30年前，绝不会有人在那儿等，所以我说这是21世纪的"雷锋"。现在学雷锋可不容易，你要帮老大娘提包，没人敢递给你；你要送别人水喝，更没人敢接……都以为你不怀好意，你"不正常"……再说回南京的小伙子，这既不是交通事故现场，也不是暴力犯罪现场，保护它有多大意义呢？但反过来讲，不能怪孩子想多了，这么想是有理由的，时代给了他依据和经验。同样在南京，一个叫彭宇的青年不就因为扶了把跌倒的老奶奶，结果官司缠身了吗？这样的官司无论输赢，无论法律是否支持实体正义，都会让社会在道德上输光。这是个很恶劣的社会示范，不知两位小伙子是否就接受了这种示范？

很多时候，我们不乏道德冲动，但多数情况下，冲动还是被制止了，就是因为环境不支持，经验不支持。前些年，我们路过乞讨者，总会弯下腰去投放点什么，现在多匆匆而过，因为我们不想支持欺骗，连地铁广播都提醒旅客协助"禁止这种不文明行为"。我觉得这个社会的问题真是太大了，它鼓励我们在一切事情上都要"提高警惕"、"高度戒备"，户外空气太紧张了。

做那条新闻时，我就说，小伙子的"怕"很值得研究，它让时代汗颜。是什么让一件本该轻松愉快完成的事变得如临大敌、战战兢兢？是什么让道德变得不再轻盈，被绑上了法律的铅锭？道德为何飞不起来？常识——常识逻辑被改变了，这很可怕。

小伙子的道德冲动让人惊喜，小伙子的"法律意识"让人反思。道德失陷的年代，人们只好押注给法律。

再举个例子，美国的自动售报机，一直是投币后即箱子全敞开的，你只取一份即可。这种设计运行了多年没问题，可后来不行了。因为在外国留学生和新移民聚集地，常有人把一摞报纸全拿走。没办法，对于售报机的设计只好推倒重来，改造成一次只能取一份的那种。这是个典型的劣币驱除良币的例子，道德不行了，只好给硬件升级，增加"制度"防范，也增加了社会成本。类似的例子还有投币电话，也是后来升级的，因为一个中国留学生到美国当天就发现这是只"蠢货"，它居然允许一枚硬币进去后再被取出来。

不知你留意了没有，在中国，凡自动售货系统运行得都不好，使用率低，毁弃率高，而且其防作弊的程序设计肯定是全世界最周严的，价格肯定也最贵。近年来，国内还有一现象，即铺天盖地的摄像头。这是多大的成本啊，而它的前提是：我们生活在险境中。而且，监视资料在法庭上的出场也越来越频繁。我们需要这样一种天罗地网的囚徒般的生活吗？但我们又离不开，依赖上了。我们成了自己的工具的工具，成了自己的人质。

问：您说的我很有感触，小时候，大家真是路不拾遗，事情的逻辑都简单得很，做事的成本相对较低。您觉得相比几十年前，今天可用"道德退化"来下结论吗？是什么原因呢？

答：原因我不多说，前面已有涉及。对比几十年前，我觉得不能简单用"退化"这个词，因为那时并非一个天然的道德高地。当时的道德操守，很大程度上和"政治觉悟"的要挟有关，道德有被绑架的嫌疑，并不纯粹。你知道，意识形态和天然道德常能在某些方面达成共谋和共识，有结合部。而且，那时并没有后来的市场文化、权力资本、恶劣的社会竞争和腐败、贫富差距……清一色的社会格局和生活面貌，使人与人之间的裂隙并不大，价值观容易统一。还有，天然信仰的缺失，在政治乌托邦热烈的时候，是看不出来的，就像涨潮时你看不见沙滩上的垃圾，但落潮后就败露了。现在的道德局面，既有当代肇因，也有历史后遗症，是混合的。

其实，在中国民间，尤其是乡村，曾有过一种质朴的道德习惯，那是传统留下的，即我们常说的"民风淳朴"。我小时候曾在乡下住过几年，有件事我印象特深：每逢开春，"赊小鸡"的商贩就来了，都是外乡人，翻了许多山绕了许多水才走到了这儿。人家不叫"卖"，叫"赊"。谁家要了多少鸡崽，记在小本子上，怎么结算呢？不急，来年春天他再来，按小本子上记的数，拿你家的鸡蛋还。按现代思维，这买卖风险太大了，对方搬家了怎么办？小本子丢了怎么办？主人去世了怎么办？碰上赖账的怎么办？说白了，这游戏在当代没人敢玩。可当年就这样啊，谁也没想那么多，用最简单的逻辑做买卖，轻易就实现了。为此，我还写了篇短文《乡下人哪儿去了》。当然"乡下人"是个象征。为什么念念不忘此事？我是怀念一种习俗，一种古老的契约精神，一种朴素的天然信用：无须担心，不用防范，在法律缺席的情况下生活照样运转良好。这其实是一种很伟大的"秩序"。法律能建立起复杂的秩序，道德却能孵化出最简单、最高效的秩序，且成本最低，保养容易。

法律是秩序的体现吗？不是，它只是个工具。现在的尴尬是，我们太器重太仰仗这个工具了。我们的工具箱里本来有很多工具的，结果被盗了，只剩下了这一件。所以说，我们不是变富裕了，而是变穷了；我们不是变强大了，而是变僵硬了；我们不是变健壮了，而是变彪悍了。

法律很复杂，正义很简单

问：是啊，信仰本来就跛足，加上人心不古、民间契约又给弄丢了，若法律这仅剩的拐棍再不运转好，那人间秩序就遇上大麻烦了。

答：道德危机的一大表现，就是信任危机。百般无奈，只好假惺惺地去信任法律，献媚于法律，请法律来当老大。但是，那"走穴"赶来的法律、那人满为患的法律、那自身不保的法律，能应付过来吗？能仔细接待每个求助者吗？

媒体不是天天报道民工讨薪难、民工"跳楼秀"吗？为什么被欠薪？因为债主良心死了，道德死了。为什么要跳楼？因为法律成本太高，只能用"创意"来吸引注意力，借影响力来碰运气，因为地方政府在乎"影响"。久病成医，现在弱势群体也很会把脉。西方有句话，叫"迟来的正义为非正义"，在我看来，非正常路径换来的正义一样为非正义，至少是不足值的正义，含金量低的正义。去年，在河南，一个叫张海超的尘肺病患者，在百告无门后，不是演出了"开胸验肺"的一幕吗？企业责任方百般推诿，劳动部门和医疗机构不作为，最终就只剩华山一条道，而且这条道，也是因惨烈至极，才吸引了媒体，才有了政府的垂直干预。这就是一桩工伤诉讼案的长征路，其成本之高昂、之严酷，堪称惊天地泣鬼神，乃至"百度百科"中留下了一个类似成语的词条："开胸验肺，原指通过人工手术方式把胸腔打开查验肺器官，后特指因为阶层关系无法保全自己受损的利益而作出的自我牺牲行为。"

"开胸验肺"在全国掀起轩然大波，引发了公众对制度的思考，促使政府紧急强化对职业病鉴定的监督和相关司法实践。可《职业病防治法》已颁布十年了啊，它是要改进和补漏，但另一问题是：若有限的法律能及时且积极生效，若厂方的道德亏损不那么严重，公正也就有机会得到最初和起码的维护。一个法有漏洞，就再出一个补丁法，层层叠叠加起来，就滴水不漏了吗？再好的法也由人来执行，谁来监督司法实践和法律的解释？而且，舆论压力下的"运动式执法"、"突击式执法"，实际上已影响到了法的尊严和信用。

有一个说法是，立法的前提应假定人性是恶的，即著名的"坏人理论"。没错，该逻辑用在立法初衷和设计起点上，我完全同意。但现在的问题是：我们似乎只对法提要求，从不对人提要求。这样，在法律不到位之前，"坏人"就有太多的机会，而"好人"几乎得不到任何机会。任何法律，都有阶段性局限和天然极限，而唯一可弥补它，甚至超越它的，即道德。

这些年，随着制度意识的觉醒，我们对法的热情空前高涨，所有新闻、大小案例，我们都惯于用法的视角去打量、去探究和质疑，这很令人鼓舞。但同时有个现象，那就是：一件事的结束，往往到"法"就为止了，我们的全部诉求都在于法槌以期待的方式落下，注意力就停在了这儿。然后是欢呼，是宣布一件事的大功告成和圆满。

我的疑问是：法胜利了，人就胜利了吗？法的胜利，是我们追求的终极目标吗？为回答这个问题，我把最近看到的两个小故事，说给你听听——

一件事情的长度

第一个故事。

2000 年 4 月 1 日深夜，来自江苏沭阳的四个青年潜入南京一栋别墅行窃，被发现后，他们持刀杀害了户主德国人普方（在一家中德合资企业任职）及其妻子、儿子和女儿。案发不久，四名凶手被捕，被判死刑。

在法庭上，普方的亲友们见到了四个刚成年不久的疑凶。根据他们的想象，凶手应是那种很凶悍的家伙，可实际上，只是再普通不过的几个孩子。据审讯供述得知，他们并非有预谋杀人。那晚，他们潜入小区，本想偷窃一间不亮灯的空宅，结果空无一物，于是转到隔壁普方家。其行为败露后，因言语不通，惊惧之下，他们选择了杀人。

普方的母亲从德国赶到南京，在了解案情后，老人作出了一个让人惊讶的决定——她写信给地方法院，表示不希望判四个年轻人死刑。她说德国没有死刑，而且她觉得，新添加的死并不能改变现实。在中国外交部的一次例行新闻发布会上，有德国记者转达了普方家属宽恕被告的愿望，外交部的回应是："中国的司法机关是根据中国的有关法律来审理此案的。"最终，江苏省高级人民法院驳回了四名被告的上诉，维持死刑判决。

事情到这儿本可以结束了。法律走完了全部程序，正义得到了中国式伸张。但故事没完，才刚刚开始——

当年 11 月，在南京居住的一些德国人及其他外国侨民注册了一家以"普方"命名的协会，宗旨是救助江苏贫困地区的儿童，改变他们的生活，给予其良好的教育。到今天，这一活动默默持续了九年，超过五百名贫困孩子被帮助。

此事的缘起是庭审中的一个细节：那四个来自苏北农村的年轻人，都没受过良好教育，没有正式工作，只有一个做过短期厨师，一个摆过配钥匙的摊位。"如果有比较好的教育背景，就有了未来和机会。人生若有了机会和前景，人就不会想做坏事，他会做好事。""普方协会"的现任执行主席万多明这样解释。作为一名公司主管，万多明本人就生在乡下，家里并不富裕，正因为德国的义务教育制度，他才有机会完成学业。

"若普方还在世，他们肯定是第一个参与的家庭。"协会创始人、普方的朋友朱利娅说。在她印象中，普方一家都是热心肠，在南京做过许多善事。

"这样做不是为了获得感谢，我们不要求任何回报。"朱莉娅说。迄今为止，大部分孩子并不知道谁在帮自己，他们只会感谢生活本身。

不久前，这个故事才被中国媒体发掘出来。讲述时，标题中不约而同用了"以德报怨"。其实，我不觉得是这样，因为他们没有恨谁，不存在"怨"这个东西，也不存在"报"这个动作。他们是信仰使然，爱使然。所谓恩怨，是中国文化下的语境和逻辑。

第二个故事。

这是我从网上看到的，发帖人有个题目：《跑步和骑自行车的小道——乔纳森纪念小道》。大意如下：

我住的小镇，有一条专供跑步和骑自行车的小道，道边有牌子写着"乔纳森纪念小道"，我心想可能是某个富人捐资建的吧。一次偶然的机会，见小镇办的报纸上提到一个叫乔纳森的男孩，小道竟然是纪念他的。带着好奇，我翻出前几年的报纸，终于知道了来历。

1997 年一个阳光夏日，谢丽尔 12 岁的小儿子乔纳森要求骑自行车，得到三十分钟的许可，但要由 14 岁的哥哥马修陪同。孩子们与妈妈拥抱后，戴上头盔出去了。二十分钟后，电话响了，马修打来的，他声音紧张，说弟弟受伤了。

乔纳森颅内受伤。医生说，他对如此严重的内伤很担忧。次日凌晨，乔纳森病情恶化，正一点点离开陪伴他的家人。有人问谢丽尔，愿不愿意捐献器官，她开始说没想过，但后来主动询问。谢丽尔回忆说："我想知道每个细节。作为母亲，我努力为孩子做可能的一切。现在，医生护士已不能再为我儿子做什么了，也许，我儿子可为别人再做点什么。"

在宣布脑死亡后，一家人与乔纳森告别。然后，手术医生走进来，告知他们，乔纳森将挽救四个危重病人：一个心脏病人，一个肝脏病人，两个肾脏病人。

乔纳森走了，但家人无时不想念他。谢丽尔说，这种感觉是平静的。他们虽有很好的防范，包括头盔，但悲剧还是发生了。这不是谁的错，不要恨自行车和头盔制造商，不要恨那条路，也不要恨乔纳森要闪躲的目标，唯一要想的是如何让其他孩子得到安全。她萌生了一个念头：建一条与汽车分行的自行车道！

首先是筹资，小镇居民热情很高，第一次就来了七百人。接下来是用地，要把所有住宅区和公园连起来，会占用不同拥有者的地产，政府的、企业的、私人的。谢丽尔一家及支持者们，一有空就去拜访土地拥有者，最后，所有土地都得到了捐赠。

小道目标是 22 英里长，现有 11 英里，刚好一半。虽然慢，但大家都在努力，大家都相信，愿望会实现的。

你知道两个故事最感动我的是什么吗？

它让我看到了一件事的长度——它能延伸多长。

它不像我们想象和经验所知的那样：以恩怨情仇为逻辑，以事故赔偿为悬念，以官司输赢和判决执行为句号。一件事在他们那儿远未结束，竟延续出了那么多的"后来"，且都以珍惜现在、宽待他人、热爱生命、纪念同胞为主题……

它让我看见了未来，看见了活着的人应怎么活着，而非只为死者求公正或复仇。两个故事都涉及法律，但都超越了法律。

因为，法律不是生活的目的，远远不是。

问：非常感人！我感觉到，尽管故事之前您说了那么多法律和道德的现象冲突，但在实质和本体上，您并不认为二者矛盾，并不存在价值对立。它们都应该为一个更大的东西服务，那就是生活本身。是这样吗？

答：没错，你这样说让我长舒了一口气。

法制的理想很好，但别试图把一切都交给法律托管，像寄宿幼儿园那样。追求法的同时，别忘了追求一个充满爱和宽容、彼此信任和习惯帮扶的世界。

对待一个有病的时代，制度和法律疗法就像西医，快速有效，针对部位；而道德和文化疗法则像中医，循序渐进，针对通体。

广义地看，法律意义的源头就是道德。二者是彼此亲近的，只是法律更公共，载体是国家和社会；道德的载体是个体和人生。但它们都和信仰有关，都基于对秩序的追求。你知道，美国司法系统的顶端是号称"镇国之柱"的联邦最高法院，它由九位终身制大法官组成，拥有对司法的最高解释权和审查权。大家每次提到他们时，几乎不约而同地会使用"德高望重"一词，而最高法院门前也镌刻着《圣经》中的一句名言："世人啊，耶和华已指示你何为善。他向你索要的是什么呢？只要你行公义，好怜悯，存谦卑的心，与你的上帝同行。"这很有意思，按说"德善"不属制度和理性范畴，用在严肃和刚性的法官身上有点不合适，无助于法的力度和权威，但相反，美国人更愿意相信：真理亲近高尚者！只有具有道德之人才能不误解法律。他们相信道德愿望和法律诉求在最高点上是会师的，即使这个机会肉眼看不到，高尚者也能在上帝的帮助下巧妙地接近和抓住它，从而减少法律遗憾。

另外，除大法官这个高端设置，还有一个低端设置，也隐约显示着法律对道德的邀请，那就是陪审团制度。你知道，陪审团的成员，并非精通法律之人，都是最普通的老百姓，难免会"感情用事"。在我们的法庭上，若一个被告痛哭流涕讲童年的不幸以示这段阴影如何影响了后来，讲某年某日曾救起过落水儿童，年迈的父母如何可怜等等，这在法官眼里是无效的，所谓"法不容情"。但在美国法庭就大不同了，即便不影响法官，也会影响陪审团。那么，为何精通法律的人要采纳乃至服从于普通人的意见呢？这一设计的逻辑是：让大多数人满意，才是法律追求的结果。法律不能为法律而法律，它要为人、为生活服务。

法律本身不是正义，它只是在追求正义的路上。法律很复杂，正义很简单。正义要在法律的轨道上行走，法律则要为正义提供足够的空间和效率。

（本文有删节）

2009 年根据对话整理

31

语文的使命
—— 王开岭教育讲座摘录

和年轻人聊天，你会发现，论及自己的成长，他们眷念最深的，往往是中学语文课。

为什么呢？

在一个孩子的精神发育和心灵成长过程中，语文扮演着保姆和导师的角色，它不仅教授语言和逻辑，还传递价值观和信仰。一个孩子对世界的认知和审美，其人格和心性的塑造，其内心浪漫和诗意的诞生……这些任务，一直是由一门叫"语文"的课来默默承担的。

若语文老师是位博学雅识者，是位有品质的爱书人，在教材之外还赠孩子们以丰盛的课外阅读，那这些孩子就是有福的。也许这些阅读，并未在考试中立竿见影，但等他成人以后，等他的人生走出足够远，他一定会朝自己的语文课投去感激的目光。

语文的能量，比想象中要大得多。古代只有一门课，即语文课。那是一门人生课，一门教孩子"做人"的课，把"人"做对、做好、做美，提升做人的成绩。它里面盛放的，是人的故事，是自然与伦理，是情感美学和理想人格。

语文，是天下最大的课堂。于之而言，几无"课外书"之说。

语文课，本质上即阅读课。无论对老师或学生，我的建议都是丰富阅读，并使之成为一件快乐的事。如今的教学，似乎太注重单篇文本的理析和深度挖掘，有"开采过度"和"玩术"之嫌。在命题和答案设计上，"归纳性"、"排他性"过强，参与空间小，谈判机会少，阻断了学生的想象和议论。其实，这等于剥夺了学生在阅读理解上的主权。我有许多文章被用于试题，而我在做那些"作者认为"的题目时也颇感棘手，因为它们缺少谈判空间。文学的本性是浪漫的、多义的，可它常遭受"物理"和"数学"的待遇。

发现语文之美，是热爱语文的密码。学习语文的最好路径，是"旅行"式的阅读，要移动，要广游。当你积累了丰富的精神地域，当你领略了足够的心灵风光，你自会清楚每一段里程的意义，你才有自己的鉴赏力和感受力。语文老师应成为汉语世界里的旅行家和鉴赏家：你是什么，语文就是什么；你有多大，语文即有多大；你有多美，语文即有多美。

丰富阅读，我指的不是数量，而是视野、格局和配方。我觉得当下孩子们的阅读负担很重，但视野不够辽阔，格局偏小，资源配置和作业设计不合理，同质主题、情感类软文侵占了孩子们太多时间。尤其在现代价值观的提供上，缺失项较多，没能及时和社会生活同步，比如食品安全、环境伦理、动物福利、公民意识、人道主义、社会正义等话题。

抛开考试困扰，我觉得做语文老师真是天底下最幸福的事，这份职业就是和孩子们一起读书的事业。

两千多年前，孔子问弟子：人生当如何过？他最赞许的回答是："暮春者，春服既成，冠者五六人，童子六七人，浴乎沂，风乎舞雩，咏而归。"阳春三月，脱掉厚棉衣，轻装盈步，几个成年人带上一群小儿，在河水里嬉戏，然后吹吹风，晾干肌肤，唱着歌回家了。

天地间，一群知时节的人，一群纯真无忧的人，一群生命在起舞。每读之，我总隐隐动容，为这种天赐的零成本的欢愉所感染，不禁想起海子的"春暖花开，面朝大海"，想起海德格尔的"诗意栖息"，而前者比后者更添平民的温暖和简易。

或许，在孔子眼里，这也是最理想的教学情境罢。在露天的课堂里，阅读的是自然，沐浴的是身心，俯仰的是天地。其实，孔子即一位伟大的语文老师，《论语》即一个教学范本。

我以为，语文的使命，主要是帮孩子完成三个方面的奠基：一是语言系统；二是美学系统；三是价值观选项系统。自古至今，优秀的老师莫不如此，孔子也是。上文提到的《论语》中的那段，表达的正是一种生活美学和价值观。同样，这三个系统，也可作为评判一本好书的标准。教师的作用，即围绕这三个方面筛选篇目、设计比例，完善孩子们不同时期的阅读。

我不知今天的师生是如何消费孔子与弟子的这段聊天的，若只求字释注考，而精神上却无动于衷，那是最糟糕的。我觉得，若教学时，心境和语境都能像对方那样松弛，把它还原成生活本身；把它和我们向往的自然风物、栖息方式，和我们憧憬的心灵状态结合起来；和现代人生存的复杂、焦虑结合起来，那就是成功的，即未辜负它的本意和纯真。

"咏而归"，多惬意、多美好——那歌声是从生命的最深处传来的！一直响彻到今天。

语文也应是歌声嘹亮、让人幸福的。

2012 年

32

做一个有故乡的人

—— 王开岭教育讲座摘录

"一方水土一方人",这方土,就叫故乡。

它是人生在清晨出发的地方,也是黄昏时最想回到的地方。

它收藏着我们的童年和身世。它不决定我们的能力,但决定我们的秉性和气质。一个人最重要的生命特征,和它有关。

"我回到故乡即胜利。"俄国诗人叶赛宁说。

沈从文也说:"一个士兵要么战死沙场,要么回到故乡。"

沈从文一辈子都在写故乡。我去湘西,看的不是凤凰城,是沈从文的故乡。我认为这两个概念是不同的,眼里的东西也不一样。凤凰城早已脱胎换骨,而沈从文的故乡依旧。他的墓在那儿,他的魂魄和气息在那儿。

　　故乡文学，盛放的不仅是风俗史、文化史，更是一部情感史、心灵史，老舍的北京、沈从文的湘西、陆文夫的苏州、陈丹燕的上海、于坚的昆明……

　　阅读故乡，不仅是著述的任务，更是生活的任务，是每个人的精神课题。否则，我们有什么底气说自己是苏州人、西安人、长沙人、泉州人呢？

　　哪怕物理意义上的故乡已经死去，一个人也要在记忆里收藏自己的故乡，在精神上复活自己的故乡。

　　曾问一位语文老师：现在孩子们的作文还写不写"故乡"？答，几乎不写。也难怪，现在的孩子，你能让他把朝阳区、海淀区当故乡吗？其生活空间或许仅是某个区的某个小区。至于城市本身，由于体积巨大和令人眼花缭乱的变化，孩子们已无法完成整体性和稳定性的消费，难以与这个地点发生深刻的感情和行为联系了。

　　我写过一本书，叫《每个故乡都在消逝》，其中说："当一位长辈说自个儿是北京人时，脑海里浮动的一定是由老胡同、四合院、五月槐花、前门吆喝、六必居酱菜、小肠陈卤煮、王致和臭豆腐……组合成的整套记忆。或者说，是京城喂养出的那套热气腾腾的生活体系和价值观。而今天，当一个青年自称北京人时，他指的大概是户籍和身份证。"

　　我继续说："故乡不是一个地址，不是写在信封和邮件上的那种。故乡是一部生活史，一部留有体温、指纹、足迹——由旧物、细节、各种难忘的人和事构成的生活档案。"

　　现代人，越来越成为故乡的陌生人。他们甚至在一个地方住了几十年，都未对它做过认真的打量，既不熟悉它的容颜，也不熟悉它的脉络和肌理。他们从未走进它的时光深处，遇见它的灵魂，并成为它真正的孩子。

我想起自己儿时的作文，写"故乡"恐怕有十几次罢，这样的命题方式，虽然机械和懒惰，但在这种重复中，也包含一种努力，即从精神上走近故乡，去亲近故乡的灵魂。所以许多年过去了，我对故乡的模样记忆犹新。无论这世界多么大，无论去过多少地方，总有一个地点，让我刻骨铭心，它收藏着我的童年、我的成长。我是它的人，我仍在寻找和它的精神联系。

毋庸讳言，当代社会，"家"的内涵发生了重大变化，它渐渐疏离了家族、身世、故乡等意义，正越来越物理化、数据化，越来越接近"住宅"、"地址"、"户籍"等概念。它越来越薄，如一纸证书。

在《城市的世界》中，作者安东尼·奥罗姆说了一件事：帕特丽夏和儿时的邻居惊闻老房子即将拆除，立即动身，千里迢迢去看一眼曾生活的地方。他感叹道："对我们这些局外人而言，那房子不过是一种有形的物体罢了，但对于他们，却是人生的一部分。"

这是对故土的感情，这是对身世的感情。

这种反应，来自美好的心灵，来自真正懂得人生的人。

我们的教育、我们的语文，应培养这样的情怀，培养这样的人和人生。

2014 年

33

做一个有"文化"的人

■■■■■■■■ 有知识不等于有文化，知识教育不等于文化教育。

"子史经集"是国学文化，但文化不拘于此。文化比文本要大得多，其真正的载体是生活本身，是生活哲学、生活美学、生活习俗和生活细节。

文化的用途，不是用来考试的，而是用来生活的，是陪你度过整个人生的。

木心先生有首诗，叫《从前慢》，"记得早先少年时，大家诚诚恳恳，说一句，是一句。从前的日色变得慢，车、马、邮件都慢，一生只够爱一个人。从前的锁也好看，钥匙精美有样子，你锁了，人家就懂了"。

在今天看来，这些令人惊奇的细节叫"美"，叫"诗意"，但在另一个时间，它就是一种生活方式、一种朴素至简的生活契约，就是"过日子"本身。"诗意"是后来的事，是光阴让其有了锈迹一样的诗意。作者写它，我们读它，就是温习那份生活，温习其中的那份常识，并向那古老契约和自觉精神致敬。

其实，这就是文化，文化的背影。

所谓"文化"，在我的眼里，即祖祖辈辈积攒的那点家业，即光阴深处的那股静气和定力，即历经淘洗留下的那套规则和标准，即万变不离其宗的"宗"。正是这个"宗"，给我们提供了一种身份认同。没有它，我们即不知自己是谁，即没有身世和渊源，即缺少基因支持，即不知"从哪里来，到哪里去"。

较之俗称的"发展"、"前行"，文化即拖时代后腿的那股定力、那条尾巴。它是一种反向力，是一种制约盲目、防止脱缰的力量。汽车有加速和油门系统，更有减速和刹车装置，文化即后者。它类似松鼠的尾巴，拖着你、纠正你，给你压阵。没这尾巴，你的跑、跳、变向、稳定性，都有问题，你会没有前途。

文化的特征，一是老，二是慢。老就是古老，它帮我们收藏光阴和记忆。有个词很贴切，叫"古稀"，越古的风物越稀少，岁月把它们遮蔽了。老建筑、老村落、老街区、老字号、线装书、繁体字、长者、古董、碑帖、祠堂、族谱、习俗……都是"老"的载体。我们现在的问题是不够老，老东西太少，超乎寻常得少。我们的很多"老"都是非正常死亡的，"破旧"、"反封"、"割资"把无数的"老"扔进了火堆。如今，城乡乱改造也是这个悲剧的重演，很多"古"被篡改或清空。

慢，即舒缓、耐心、从容，即对细节的迷恋、对节奏的维系、对秩序的遵循。纸质阅读意味着慢，鸿雁传书意味着慢，笔墨纸砚意味着慢，手工馒头意味着慢，长篇小说意味着慢……现在的问题是太快、太匆忙、太日新月异，人们来不及停驻、来不及凝神，一切都进入了快餐年代。那种慢慢读一本书、慢慢写一封信、慢慢爱上一个人的生活，正越来越远。

木心那首诗，留恋的就是这种生活。留恋，不是折返、不是退回去，而是珍惜，是为一路走来却丢了家传、丢了贵重物品而遗憾。

我在一篇文章中说："变和巨变是一种意义，不变和少变也是一种意义，甚至蕴藏巨大的未来价值。"文化就是那种不变和少变的东西，它意味着某种稳定和永恒的指向性。

现代教育，不仅要培养知识人，还要培养文化人，培养热爱文化且用文化来生活和走路的人。

如今"国学"盛行，不少小学和幼儿园也开始"诵经"，甚至读了《三字经》就被要求给父母洗脚。必须留意的是，我们常借文化消费之名来行知识消费之实，常把文化当文本来传授、当课业来考试。尤要警惕的是，莫把"国学"当教旨，莫把它的全套价值观当成严苛的道德律令和训诫。要知道，在现代语境下，国学不需要"立威"，它应该是朴素、简明、温和的，而非深奥严厉、让人生畏的。它所有的价值观内容，都应以价值观选项的形式出现在孩子们面前，而不再是权威，更非宗教和新意识形态。

传统文化应给现代人提供更多的精神舒适性和心灵自由度，而非相反。

对于未来世界，多年前朋霍费尔曾预言："在文化方面，它意味着从报纸和收音机返回书本，从狂热的活动返回从容的闲暇，从放荡挥霍返回冥想回忆，从强烈的感觉返回宁静的思考，从技巧返回艺术，从趋炎附势返回温良谦和，从虚张浮夸返回中庸平和。"

　　这是很乐观的憧憬，但愿别辜负它。

╶┼╴2015 年

34

素材的个性占有和拓展

—— 关于写作经验的随意谈

████████ 近年来，大概因中高考试题常光顾拙作之故，许多学校推荐读我的书，于是我常受邀去做讲座，我通常用自己的一本书名作总题，比如"做一个精神明亮的人"，内容不定，多涉读书、信仰、精神成长、自然生态、生活美学、传统文化、理想主义等。作为一个写作者，我最不愿触碰的一个话题就是：写作技巧。我通常会从这类提问中逃掉，因为我不是技术派，在写作上，我是笨拙的，算作天然派或性灵派罢，而性灵是自由肆意、不规则的，甚至无章可循，所以，我从来不是一个持续性、密集性写作的人，产量很少，我需要很强的动力和刺激，我必须等某桩灵魂事件的悄然降临，让一次写作成为"必须"和"非你莫属"才行。同时，在我看来，每次写作都有唯一性，你必须找到进入的角度和语境，你不仅要贡献故事和主题，还要贡献语言、结构和文本，这是个手艺活。我的体会是，第一行字最难写，它不仅是叙事起点，还锁定了整个语境和文本气质。比如，五年前，北京雾霾最严重时，我写过一篇《这个叫"霾"的春天》，我的第一句话是："这么昏暗的早晨，连公鸡都不会为它打鸣。"这样写会带来什么后果呢？它注定了整篇文章将是一种时间叙事，其感情色彩有一种"抗议"性，其语言气质有幽默和诗意之嫌，于是，它让文本一下子远离了严肃和保守，规避了传统的说理和议论。所以，当接下来出现"这么肮脏的春天，桃花竟然开了"时，你就不会觉得突兀了，你已经适应了它的语境。这篇文章获了当年一个散文奖，颁奖词里除了表扬它的"敏感"和"及时"，还提到了它的语言和文本价值。这就是文学和新闻的区别，只有好话题，没有好文本，只能算一个新闻作品。当然，好新闻也要追求好表述，否则没有表现力，比如我的同事柴静后来做了一部关于雾霾的作品：《穹顶之下》，在调查类新闻表达上，即是一次大胆实验，社会争议她带来的话题，而传媒专业的师生则研究她的方法和样态。

艺术不同于学术，它是排斥规范、畏惧经验的。于一个真正的写作者，任何定式、模版和清醒的技术都令其沮丧。他最喜欢的是"意外"，是"陌生"和"偶然"，是文字本身的魔力和爆发力，是不期而遇又命中注定的东西。即使隐约有些固化的习惯，也是闪烁难言的、不自觉的，且一说出来自己就难过，有挫败感。比如马尔克斯《百年孤独》和杜拉斯《情人》的开头，在小说史上堪称纪念碑，那是"技术"无法企及的，在评论家眼里，它们可以成为经典，成为不朽的范式，甚至招来众多复制，但于作者本人，那仅仅是天赐，乃一时兴起和直觉所致。而且，他不准备用第二次。

有一次，某全国作文大赛邀我做嘉宾，本来我带的题目是关于阅读与成长的，但去会场的路上，我听见家长小声叮咛孩子，"好好听作家讲怎么写文章"，心里咯噔一下，我从来不执著于怎么写文章，阅读也不是为了写文章，只是一种生活方式，为了愉悦、休闲和活跃思维。我有写作体验，但无写作经验。

后来我醒悟，孩子们饥饿的其实是"作文技巧"。作文与写作是两回事，他们误作为一回事。作文，尤其是考场作文，本质上是一种"急就"，是拿昔日储备在规定时间、规定地点所做的兑换和变现，它是快餐性质的，是服务性质的，它考察的是你的日常积累和快速反应，是你的主题定位能力、素材编织能力、语言组织能力和逻辑搭建能力。它是有标准的，是可量化的，是待验收的，而纯粹的写作无缘于此。作文是"公事"，写作是"私事"。所以，一个好作家写不好考场作文，不仅有可能，甚至是必然，用不着迁怒于试题。

但是，有个要紧的事，也是孩子们最关心的：写作体验有没有成为作文经验的可能呢？在实用性上，作家能不能帮上点忙呢？

当然可以。于是，我开始反刍写作体验，然后打量孩子们的作文，果然发现一个问题：有的孩子明明阅读量很大，素材积累了好几本，却写不出好文章。他们一脸委屈，说素材用不上、用不好，怎么办呢？他们反问我是怎么积累和使用素材的？

仔细想了想自己的"经验"，我问："你们脑子里或本子上那些素材，是一个一个的还是一串一串的？"答，一个一个的。

我明白了。我说我不是这样的，我的素材从来都是一串一串的，像糖葫芦或羊肉串。于是我有了一个模仿教师论文的题目，"素材的个性占有与拓展"，大意如下——

　　光懂得收藏素材还不行，那只是物理性的采集，你必须识别素材，你要与素材之间发生深刻的反应，就像化学实验室里发生的那种"热反应"，如此，你才算是完成了个性化的"占有"。但光占有似乎还不行，你最好再递进一步，让素材与素材之间发生某种聚合反应，这就叫"拓展"。仿佛你有了一大堆玩具，在亲密接触后，你一一熟悉了它们，了解了它们，之后呢？你还要把目光投向它们之间，你要学会摆放，尝试组合，你要知道谁喜欢和谁在一起，把谁和谁放一起能生出新的游戏，你要试着发展它们之间的关系，至此，玩具在你手里才升级了，其能量才达到峰值。

　　大家要重视"联系"，重视"重构"带来的力量，"联系"就是生产力。

　　举个例子，我曾读过一个细节：多年前，学者张中行路过天津杨村，听说当地有一家糕点很有名，兴冲冲赶去，答无卖，为什么？因为老板没收上来好大米。先生纳闷，普通米不也成吗？总比歇业强啊！伙计很干脆，不成，祖上有规矩。还有一段我的童年记忆：70 年代，山东乡村，逢开春，山谷间就荡起"赊小鸡哎，赊小鸡哎"的吆喝声，悠长、拖曳，像歌谣。所谓赊小鸡，即用先欠后还的方式买新孵的鸡崽，卖家是游贩，挑着担子翻山越岭，谁也不知他从哪里来，你赊多少鸡崽，他记在小本子上，来年开春他再来时，你用鸡蛋还。当时，我脑袋瓜还琢磨，你说，要是欠债人搬了家或死了，或那小本子丢了，咋办呢？这生意岂不风险太大？

　　那么，两段素材有何联系呢？当然有，那就是他们的思维方式、生意逻辑，他们的市场约定，他们对信誉的器重和买卖双方的互信……

而这种契约文化和规矩意识，在中国民间已经默默运行了几千年，从前的生意就是这么一单单做下来的。总之，他们身上有一种纯真的气质，这种气质让事情变简单了，变清爽了，也节约了成本，减少了消耗。而在现代商业社会，这种气质业已稀缺，甚至绝迹。对比今天复杂的市场和诡秘的人心（针对此，我另写一文，《生活在险境中》），不由令人感叹！

基于这些感受，我写了那篇《"乡下人"哪儿去了》。

这就是"联系"的方法，这就是靠素材碰撞衍生出的话题，这就是写作的由来。没有联系，即无发现，即难有写作冲动和缘起。而借助联系，你对单个材料的理解，也会变得丰富、独特、深刻。当然，所谓"联系"，既有天然的联系，也有靠个性识别得来的联系。

我私下有个说法：什么叫"思想"？就是把一个点与另一个点联系起来。

我自己的阅读习惯正是这样，由一篇文章引申出另一篇文章，由一本书召唤来另一本书，它们合起来，才构成我的一次完整阅读。不拥有这种整体感，就怅然若失，一片凌乱。我对素材的占有，从来都是一串一串的，它们要么是精神同类项，要么是精神对立面。

再举个例子吧，我书里有一篇《战俘的荣誉》，它是怎么来的呢？它是靠两段材料的会师，先是一幅老照片：太平洋战争结束后，美军统帅麦克阿瑟代表胜利方接受日本投降书，仪式在"密苏里号"战列舰上隆重举行，在这样一个历史性时刻，麦克阿瑟做出了一个惊人安排，他让两位刚从战俘营解救出来的盟军将官站在自己身后，接受全世界的瞩目。这还没完，签字过程中，他共用了五支笔，其中三支赠送美国国会、西点军校和将军夫人，剩余两支呢？左右两厢，一人一支。另一段素材来自史料，"二战"结束后，大量曾被俘的苏联红军官兵，在走出战俘营后却选择了远离祖国，为什么呢？出于自卑和恐惧！因为等待他们的将是无穷的敌意和歧视，政治甄别、审查、处分、关押甚至流放……

同一场胜利，同样的流血牺牲，但不同的价值观和意识形态，决定了对"英雄"和战争义务的理解、对生命和人性的态度，截然不同。这样的素材相遇，本身就诞生意义。重要的是，你要努力使之相遇，你要努力成全它们。这就是靠个性识别方能获得的素材之间的联系。上述的那幅老照片，虽流传日久，但在此文之前，几乎没人去重视和放大这个细节，更未从生命关怀的角度去拓展话题，大家的注意力似乎在别处。我在央视做新闻节目时讲过一句话："注意力就是第一价值观！"同一桩事件，同一个新闻现场，你看见了什么，你以怎样的方式看见，决定了你的节目。而这一切，都源于你是怎样的一个记者或摄像师。此语也适用于写作，尤其是思想类表达。

再回到你们熟悉的语文上，比如大家都爱古诗词，但爱多了就有点凌乱，就面临一个梳理和系统化问题，泛泛的博爱太散光，看不清，爱要有细节，有细节才叫深爱。对于"泛滥"的东西怎么办？大家做家务都有个经验，怎样处理家里的零碎物品呢？其实每家的杂物种类和数量都差不多，但有的家里堪称一地鸡毛，有的家里则清爽干净，为何？奥秘即在于对空间的理解和使用，在于家具的结构和功能，聪明主妇往往会多买一些带格子、带屉盒的收纳箱，或是家具内部有设计，把功能相近的、有关联的东西集中吸收，用起来方便、高效。同理，人的脑仓也需要一个个的屉盒或格子，也需要一个个的目录、索引和谱系。电脑为什么强大？"大数据"为什么厉害？就在于它的信息储存、搜索和处理系统。

　　对于古诗词，大家通常按作者、时代或群像来分类，比如"竹林七贤""唐宋八大家"云云。其实，这只是打了一个原始隔断，这种冷冰冰的结构和割据状态，仍没有"热反应"，没有激活效果。再进一步，可以按照情感类型、命运主题来组合，比如"情爱"、"相思"、"乡愁"、"离别"、"羁旅"、"边塞"、"谪居"等，行不行呢？行，但轮廓仍显粗糙，感受上仍觉困乏。我们需要找出一些更活跃的"梗"来。大家读诗词有个印象：很多章句是相仿的、酷似的，是气质暗合、彼此滋养的，仿佛它们之间有着某种共同的血缘和密码似的。比如，"雨中山果落，灯下草虫鸣"、"鸟宿池边树，僧敲月下门"、"长安一片月，万户捣衣声"……你不觉得它们都在传递同一种元素——"寂静"吗？或许还有"孤独"和"寂寥"？（基于这种印象，我写了《耳根的清静》一文）再比如，古人贡献了许多与"登高"有关的章句，有登山、登楼、登塔，有鹳雀楼、黄鹤楼、岳阳楼、滕王阁，有王之涣的登高、陈子昂的登高、王维的登高、李白的登高、杜甫的登高……相似的视野带来了相似的心境，或者说，相似的心境驱使人走向相似的视野，人站立的地点变了，精神格局和胸怀就陡然一振，时空感受就变了，人生气象即变了。（拙作《消逝的地平线》一文，即源于这种印象）

　　其实，我的那本《古典之殇》，与其说作者贡献了种种思想，不如说作者在推荐一种读法，即诗词之间的一种联系，通过这种联系，我们看到了古代那一幅幅迷人的美学现场：自然美学、生活美学、精神美学。而现代社会，由于自然风物的消逝，我们的美学便有了与"现场"失联的危险，这就有了忧患和反思，所以我在书中说了两句结论性的话：一是"人类的成就正在越来越多地杀死大自然的成就"！一是"或许，人类的最高成就将是：保卫大自然成就的成就"！

"联系"，不仅是一种方法论，也是一种价值观和世界观。

我做了十几年电视新闻，在我的职业生涯中，有一个词是在策划会上天天讲的，就是"联系"。我对年轻记者和编导说，每一桩新闻，你都要找到它在中国社会中的位置，你都要找到它的系统和同类项，找到它的孪生兄弟，找到它的"前世今生"，这样，你才能真正亲近它，找到它的发生逻辑。比如，关注复旦大学的林森浩投毒案，你要想到五年前西安音乐学院的药家鑫，十年前云南大学的马加爵……它们是姊妹篇，他们的人生是同一个。再比如，因真凶现身而被平反的佘祥林案、聂树斌案、呼格案，它们在十年内陆续成为新闻，命运如出一辙，其背后，有着共同的时代背景和发生原理。一个社会的人和事，是一个共同体，而每一件事，都有它的坐标。唯有在这样的视野和框架下，你才能看清楚一件事。如此，你在讲述它的时候，才不仅仅是在讲一件事，而是在讲述一个时代。如此，悲剧才有重量，新闻才会释放它的全部能量，我们才会看到那些历史成本有多么高昂，于社会才有足够的启示。

天下表达，无论新闻还是写作，无论"公事"还是"私事"，内在支撑都是一致的。关于写作，关于"技巧"，就先扯到这儿罢。

　　　　　　　　　　　　　　　　　─┼─　2017 年

35

那些消失的年轻人

那天，遇一条微博，标题是《传媒史上的今天》："《焦点访谈》创办于1994年4月1日，是以深度报道为特色的述评性栏目，也是当时央视收视率最高的节目之一。1998年10月7日，朱镕基到中央电视台考察，并与央视负责人及《焦点访谈》编辑记者进行了座谈，且破例为《焦点访谈》题词：舆论监督，群众喉舌，政府镜鉴，改革尖兵。"

文字下方配了图：朱镕基伏案挥毫，一群年轻人围着，身体们有点紧，目光追着总理那支笔。

转发很少，与其信息份量不太相称。我浏览了下评论，有人叹：那会儿的白岩松多年轻，竟有点儿青涩。

是啊，多年轻！我心底也涌出这仨字。

如今，老白已成熟得金黄了。我在一篇文章中说："他有成熟的价值观，更可贵的，他有自己的语言系统……在和体制寻找接口、组织有效对话上，他尽力了。他的语言很体现糖衣设计，圆润中有尖锐，防守中有侵略，有时已脱了'衣'，基本裸了。正因为这种分寸把握、建设的诚意、口型口吻的稳健和关键词的牢固，使得他的话——不带敌意但也不怎么动听的话，体制和被批评者都能听进去。中国需要这样的角色，等我们走出很远，回过头，会清楚这种角色的意义，会把一部分掌声给他。"

白岩松，也是白岩松们。

那天，遇一条微博，李伦转了徐泓老师的《陈虻，我们听你讲》摘录："我很感谢我的职业，因为传媒的作用使我们个人的努力被放大了，能够影响更多的人，所以，我认为当别人赞美你的时候千万别拿自己当人，当想到你的工作成果有上亿人在观看的时候，千万别拿自己不当人。"

接着，他追忆了陈虻的一段话："当制片人时，我觉得我们离生活很近……可是前两天我回家，看着车窗外，觉得生活非常陌生，因为我们不断地研究和解决自己很小天地里的问题，因为忙碌而感到空虚。原本我们有自己的愿望，但当我们做得太多的时候，那种愿望已经成为能够正常地播出、尽量地少改，这似乎成了我们唯一的理由。"

"因为忙碌而感到空虚"，精神上有空位，内心有井要填，说明体察者的敏锐、警觉，这是醒者的危机。而真正的糟糕是：因为忙碌而感到充实。

有时，体力上的疲惫，那种满满当当、被完全占有的感觉，那种跑步机上的流汗，确实能让我们欣慰。这是体力劳动的骗术，汗流浃背后，身体结满简陋的果实，饱和而无意义，懒惰的丰收。很多时候，光阴和成绩即这般被肯定的。

手机里有条短信，至今未舍得删，来自李伦，四个字："陈虻走了。"时间是 2008 年 12 月 24 日凌晨。在纪念陈虻的一篇短文里，我说："凡理想主义者，都是青年。在我眼里，陈虻永远是个青年，这是一个青年的死，他被青春永远收藏了。""我珍惜、敬重乃至热爱这个人，并非因其优异，更因他代表了一种生命类型、一种生存路线、一种精神命运。他的起落，他的飘逸和负重，他的弧度和笔直，他的积极和保守，都代表了一群人的命和运。他像个标本，像块碑。"

陈虻，也是陈虻们。

那天，遇一条微博，谈的是新闻技术，用了很多欧美标准和自己的标准，观点纯粹，完美而闭合。读罢，我感慨了几句："新闻的专业主义，意味着理性的健全、工具的精准、技术的完善，但若无信仰和理想的支持，同样可沦为一个华丽的掩体，沦为玩具主义的愉悦和自我修饰的虚荣。最重要的，你用专业干什么？想干什么？干了什么？"

如果你处在一个沸腾的时代，那你必须听到并听从它的召唤。

电视新闻人或缺的，往往即技术之外的东西，跟着电视学电视，把电视当全部业务，很少研究当代，很少精神对话，当经验和技术结业后，由于没有思想资源和认知储备作支持，没有理想主义打算作驱动，往往即走不动了，发育终止。智能可以完善，技术可以修补，但人与人的差异在于源头，在于愿望，在于直觉，在于业余精神，在于让生命欲罢不能的那个东西。

做传媒，三十岁前靠技术，三十岁后靠信仰。对年轻人来说，要把初衷变成业务；于中年人而言，要把业务做回信仰。

有次，参加某媒体评奖，表达了这样的意思："我们不应忘记一个常识，新闻是有用的！要清楚每个选题在当代生活中的位置，要清楚它的敌人是谁，它要改变什么。做新闻，就是和这个时代的疾病打交道……"我的意思是，媒体的使命即作用于社会，你的选题不只对"新闻"负责，更要对新闻价值负责，要把一个新闻变成有价值的新闻，要把一个有公共价值的新闻变成有独立价值的新闻，要把一个时效新闻变成一个有生命力的新闻……你要基于对时代的认知和义务来判断并完成一个选题，你要在时代的地形图上标出自己的位置，而非漫山遍野、游兵散勇式地打游击、放冷枪。

每个栏目，每期杂志，都要有自己的"注意力"，不要只顾凑热闹、赶场子。同时，媒体间应有缔结共识的默契和愿望，形成规模效应和追击力，进而实现"公共视线"和"时代注意力"，最重要的，要追求效果，追求社会细节的实质性改变。

有家曾喜爱的媒体，现在不怎么看了，原因即它的选题出了问题，你把它一年到头的选题当年历挂墙上，发现挂不住，没有头绪，没有企图，没有目录感和规划性，全是即兴和盲动。或许，它在每期产品中都投入了思考和方向，但整体上，在对时代的刻画上，没有自己的注意力，如此一来，即缺了意义和意图，气象与格局都显小。

选题本身即属于价值观，即注意力！你在主张什么？引导大家留意什么？这是个注意力高度雷同和相互抄袭的时代，被忽略的东西很多，缺失项很多，对"重要"的理解、发现、阐释和宣扬，往往是一档栏目、一张版面的足底。

那天，遇一条微博，刘楠的，她为一位抑郁症患者的遭遇鸣不平，不仅声援，更以直接的行动介入救助，这样做，和她的节目无关，和身份也无关。

但和信仰有关，和新闻理想有关，和生命气质有关。所以，当她谢我帮助转发时，我回复说："我要向你表示敬意，若一个媒体人一生只完成职业角色和份内的事，那是有遗憾的。在你身上，我看到了良知在生活中的位置。也许你无法改变胜负，但你可改变绝望。若一个人对全世界都绝望，那所有人都是有罪的。"

当年和李伦做《社会记录》时，刘楠是年龄最小的编导之一，印象最深的，是她的勤奋、安静和聆听，虽然年轻，但她身上有一种严肃而执着的东西，在我眼里，这是一种精神上的端庄，这样的人，适合做记者或律师，因为她对生命不撒谎。后来，她去了新创的《新闻1＋1》，看她做的节目多了，我对身边人感叹，刘楠进步真大。这种进步，除了专业，更来自认知，她在寻找和发现社会，她对时代有了自己的注意力和兴趣点，她对人群有了义务感，她在尝试发挥作用。

几个月前，当她把一份电子版的书稿发给我时，我吃了一惊，这么周细的观察和积累，这么大的笔记工程，竟是一位准妈妈在孕期完成的。最感动我的，是她对"南院"的情怀，那样的刻骨铭心堪称"爱情"，不仅深沉，而且忠诚，让人动容。

读稿之余，我也重新打量起这座"南院"来。

它让人怀念的气质是什么？它的精神徽章是什么？

见仁见智。在我看来，大概是理想主义罢。

很巧，前不久，有报纸邀我谈谈八十年代，我所用最多的即这个词：理想主义。

"八十年代的典型特征，即人群中汹涌的理想主义。时代的脸上有一股憧憬的表情，每个人都相信未来，每个人都自感和国家前途有关，每个人都站在船头上，每个人都愿把自己交付给某种东西，每个人都正值青春……那些曾经的年轻人，那些清晨里的人，哪儿去了呢？看今日之人，生下即老了，他们被喂了什么样的乳汁？"

"理想主义者通常是忧郁的，但要哀而不伤，可以愤怒，但不能绝望。理想主义不是埋头沉溺，它富于行动，要做事，要追求改变。它要赶路，披星戴月，风雨兼程。"

社会理想主义，确是八十年代最显赫的精神特征。

捷克作家伊凡·克里玛在回答为何不出国时说："因为这是我的祖国，这儿的人和我讲的是同一种语言……对国外那种自由生活，因为我没有参与创造它，所以不能让我感到满足和幸福。"

"没有参与创造它"，这是最打动我的。一个人，若只有生活理想而无社会理想，是难称理想主义者的。相信这个国家与己有关，相信自己是这个时代的一个构件，相信自己的工作是有价值的……

王尔德说："我们的梦想必须足够宏大，这样，在追寻的过程中，它才不会消失。"

没有宏观，做不好微观的事。

回头想，新闻评论部以《焦点访谈》和《东方时空》为标志的黄金时代，虽晚于八十年代，但也正是社会理想主义向职业领域和实际岗位的某种转化与能量释放。它不仅形式突破、技术创新，更重要的，它披覆使命、自我器重，听从一种"到船头上去"的召唤……它相信新闻是有用的，自己的工作是有用的。对社会保守力量，它有一种天然敌意，有一种挖掘机和铲车的进攻性。当然，它有发动机和马力的支持。

那个时候，就评论部栏目而言，宏观和微观做得都很好，配置也合理。《东方时空》一本电视杂志，即同时做到了宏观和微观（"讲述老百姓自己的故事"），不仅技术上相互滋养，意义上也打通了，连成一片，彼此注脚。

刘楠嘱我作序，委实勉强。论涉深，她或我都不具描述"南院"的优势。但她还是做了，做了她目力所及、精神可抵的事。她是凭着热爱来做的，在她对团队和往事的描述中，你能觉出一份痴情、一份报效的忠诚，那爱如此滚烫、笔直，乃至我觉出了自己的温差，略生愧意。

刘楠笔下，作为评论部大本营的"南院"，不仅是个地点，不仅是南边的一个院子，更是一个精神名词，是一个包含了理想、专业、信仰、阵营、偶像、变迁、荣辱等众元素的集合。读那些文字，读那些熟悉或生疏的人和事，想起爱伦堡的一部书名：人，岁月，生活……

是啊，这么早就开始回忆了。

它帮我回忆，也陪我告别，在"南院"即将搬迁之际。

这座曾吸引无数人慕名而来、无数人满载而去的院子，这座曾接纳过无数青春、激情、失意与骄傲的院子，即将被新的物质和情感替代。

这是一部梳理个人成长的书，也是一部向前辈致敬的书。是纪念，也是追随。让我们感谢这位年轻人，感谢她的情怀和记性，她让我们有机会温习并端详自己，并把尊严颁发给了众人，颁发给一个地点。

让我们悄悄把尊严佩戴好。

突然想起几句歌词："谁来证明那些没有墓碑的爱情和生命，雪依然在下那村庄依然安详，年轻的人们消逝在白桦林……"

"南院"搬家的那天，空了的那天，也应有一场雪，纷纷扬扬，像往事。

（本文为央视记者刘楠著作所作序言）

2012 年